# 编 委 会

高职高专项目导向系列教材

# 制冷空调设备维修

王荣梅　主编
马英强　主审

化学工业出版社

·北京·

本书按照以工作过程为导向的情境教学方式进行编写。本书融入了制冷空调设备安装、制冷设备调试、制冷设备检修及制冷设备维修工国家职业标准等方面的职业技能与理论知识,在编写过程中对涉及以上所述的相关技能知识进行了重构,紧密围绕专业培养目标,针对"制冷设备维修工"的真实工作任务,对学生进行电冰箱、空调器等最常见的小型制冷装置的维修技能传授和训练。对学生动手能力、合作能力和创新能力以及对择业的适应能力等职业能力与职业素养的培养具有重要的作用。在形式上,每个任务中都有"任务描述"、"任务分析"、"相关知识"、"任务实施"、"知识拓展"等形式,引导学生明确各情境的学习目标,学习与课程相关的知识和技能,并适当拓展相关知识,满足学生可持续发展及能力拓展的需要。

本书可作为高等职业院校制冷与冷藏技术专业的教材,也可以作为培训机构、企业相关专业的培训教材和相关技术人员参考用书。

**图书在版编目(CIP)数据**

制冷空调设备维修/王荣梅主编. —北京:化学工业出版社,2012.8(2023.7重印)
高职高专项目导向系列教材
ISBN 978-7-122-14756-1

Ⅰ.①制… Ⅱ.①王… Ⅲ.①制冷-空气调节设备-维修-高等职业教育-教材 Ⅳ.①TB657.2

中国版本图书馆 CIP 数据核字(2012)第 147286 号

责任编辑:韩庆利 高 钰　　　　　　　　文字编辑:余纪军
责任校对:边 涛　　　　　　　　　　　　装帧设计:刘丽华

出版发行:化学工业出版社(北京市东城区青年湖南街 13 号 邮政编码 100011)
印　　装:北京虎彩文化传播有限公司
787mm×1092mm 1/16 印张 7¾ 字数 185 千字 2023 年 7 月北京第 1 版第 3 次印刷

购书咨询:010-64518888　　售后服务:010-64518899
网　　址:http://www.cip.com.cn
凡购买本书,如有缺损质量问题,本社销售中心负责调换。

定　　价:24.00 元

# 序

辽宁石化职业技术学院是于 2002 年经辽宁省政府审批，辽宁省教育厅与中国石油锦州石化公司联合创办的与石化产业紧密对接的独立高职院校，2010 年被确定为首批"国家骨干高职立项建设学校"。多年来，学院深入探索教育教学改革，不断创新人才培养模式。

2007 年，以于雷教授《高等职业教育工学结合人才培养模式理论与实践》报告为引领，学院正式启动工学结合教学改革，评选出 10 名工学结合教学改革能手，奠定了项目化教材建设的人才基础。

2008 年，制定 7 个专业工学结合人才培养方案，确立 21 门工学结合改革课程，建设 13 门特色校本教材，完成了项目化教材建设的初步探索。

2009 年，伴随辽宁省示范校建设，依托校企合作体制机制优势，多元化投资建成特色产学研实训基地，提供了项目化教材内容实施的环境保障。

2010 年，以戴士弘教授《高职课程的能力本位项目化改造》报告为切入点，广大教师进一步解放思想、更新观念，全面进行项目化课程改造，确立了项目化教材建设的指导理念。

2011 年，围绕国家骨干校建设，学院聘请李学锋教授对教师系统培训"基于工作过程系统化的高职课程开发理论"，校企专家共同构建工学结合课程体系，骨干校各重点建设专业分别形成了符合各自实际、突出各自特色的人才培养模式，并全面开展专业核心课程和带动课程的项目导向教材建设工作。

学院整体规划建设的"项目导向系列教材"包括骨干校 5 个重点建设专业（石油化工生产技术、炼油技术、化工设备维修技术、生产过程自动化技术、工业分析与检验）的专业标准与课程标准，以及 52 门课程的项目导向教材。该系列教材体现了当前高等职业教育先进的教育理念，具体体现在以下几点：

在整体设计上，摈弃了学科本位的学术理论中心设计，采用了社会本位的岗位工作任务流程中心设计，保证了教材的职业性；

在内容编排上，以对行业、企业、岗位的调研为基础，以对职业岗位群的责任、任务、工作流程分析为依据，以实际操作的工作任务为载体组织内容，增加了社会需要的新工艺、新技术、新规范、新理念，保证了教材的实用性；

在教学实施上，以学生的能力发展为本位，以实训条件和网络课程资源为手段，融教、学、做为一体，实现了基础理论、职业素质、操作能力同步，保证了教材的有效性；

在课堂评价上，着重过程性评价，弱化终结性评价，把评价作为提升再学习效能的反馈工具，保证了教材的科学性。

目前，该系列校本教材经过校内应用已收到了满意的教学效果，并已应用到企业员工培训工作中，受到了企业工程技术人员的高度评价，希望能够正式出版。根据他们的建议及实际使用效果，学院组织任课教师、企业专家和出版社编辑，对教材内容和形式再次进行了论证、修改和完善，予以整体立项出版，既是对我院几年来教育教学改革成果的一次总结，也希望能够对兄弟院校的教学改革和行业企业的员工培训有所助益。

感谢长期以来关心和支持我院教育教学改革的各位专家与同仁，感谢全体教职员工的辛勤工作，感谢化学工业出版社的大力支持。欢迎大家对我们的教学改革和本次出版的系列教材提出宝贵意见，以便持续改进。

辽宁石化职业技术学院 院长

2012 年春于锦州

# 前 言

本书是为了适应当前高等职业教育，突出高职教育以学生为主体、以能力为本位，突出职业能力培养的教育特点，适应人才培养模式的教学改革需求，按照高职高专院校制冷与冷藏技术专业人才培养规格、专业标准要求编写的，充分体现任务引领，实践导向课程的设计思想。

本书融入了制冷空调设备安装、制冷设备调试、制冷设备检修及制冷设备维修工国家职业标准等方面的职业技能与理论知识，在编写过程中对涉及以上所述的相关技能知识进行了重构，紧密围绕专业培养目标，针对"制冷设备维修工"的真实工作任务，以典型设备为载体，创设学习情境，对学生进行电冰箱、空调器等最常见的小型制冷装置的维修技能传授和训练。

本书主要特色如下。

1. 实践性。对提高学生综合分析和解决问题的能力，强化学生的实践技能，实现制冷设备维修工中级工的培养目标起到支撑和促进作用。

2. 职业性。根据制冷与冷藏技术专业学生所应掌握的相关知识要素、能力要素和素质要求，以职业能力为核心，设计与工作内容相一致的课程学习情境。

3. 创新性。将传统的学科体系课程中的知识、内容转化为若干个学习情境和相应的教学任务，突显项目教学、任务驱动、校企合作等教学改革特点。

4. 开放性。本教材建有网络课程，为教师与学生提供可共享的教学资源。

本书由王荣梅主编（编写学习情境一至三和学习情境五），马英强主审，永恒制冷公司王宝祥参编（编写学习情境四）。本书在编写过程中参阅了大量的专著和资料。

由于编者水平有限，书中的不足之处在所难免，敬请读者批评指正。殷切希望得到读者的宝贵意见与建议。

编者
2012 年 5 月

# 目 录

# 认识家用冰箱空调

## 【情境导学】

随着制冷与空调行业的不断发展，冰箱与空调的社会需求逐渐增长，新技术、新设备的应用和更新不断加快，认识家用冰箱和空调是制冷空调设备维修的基础任务，掌握冰箱和空调的工作原理、主要性能及构造，从而熟悉冰箱、空调。

## 【知识目标】

1. 掌握各种家用冰箱、空调的工作原理和主要性能。
2. 掌握各种家用冰箱、空调的分类与构造。
3. 了解家用空调遥控器各按钮的功能及操作方法。

## 【能力目标】

1. 能正确分辨家用冰箱、空调的不同类别及型号。
2. 能正确操作空调器，根据环境变化改变性能参数。

# 任务一　认识家用电冰箱

## 一、任务描述

识别电冰箱型号、结构及制冷系统主要组成部件，并讲述其主要组成部件的作用，对电冰箱制冷系统组成部件进行连接。

## 二、任务分析

要想完成此任务，首先要了解电冰箱的类别，分析不同类别电冰箱的结构，能够在电冰箱上找出各主要组成部件，明确其位置，结合电冰箱的工作原理，明确部件作用。在熟悉电冰箱的组成后，对制冷系统组成部件进行拆装，从而达到认识家用电冰箱的目的。

## 三、相关知识

（一）电冰箱的分类

电冰箱是以人工方法获得低温并提供储存空间的冷藏与冷冻器具。而家用电冰箱是指供家庭使用、并有适当容积和装置的绝热箱体，用消耗电能的手段来制冷，并具有一个或多个间室。

电冰箱的类型很多，分类方法也不少，常见的分类方法有：按用途分类、按冷却方式分类、按箱门分类、按容积分类、按星级分类等。

1. 按用途不同分类

(1) 冷藏箱　没有冷冻功能，主要用于食品和药品的冷藏保鲜，也可以用来短期储存少量的冷冻食品。

(2) 冷冻箱　没有冷藏室，只有一个冷冻室，可提供-18℃以下的低温，供冷冻较多的食品之用。

(3) 普通家用电冰箱　具有冷藏和冷冻两种功能。其箱体分为若干个相互隔离的小室，各室温度不同，其中一个为冷冻室（有的还具有速冻功能），其余为具有不同温度的冷藏室。

2. 按冷却方式不同分类

(1) 直冷式电冰箱　直冷式电冰箱也称有霜电冰箱，是采用空气自然对流的降温方式，冷藏室和冷冻室各有独立的蒸发器，可以直接吸收食品或室内空气中的热量而使其冷却降温。

特点：结构简单，冻结速度快，耗电少，但冷藏室降温慢，箱内温度不均匀，冷冻室蒸发器易结霜，化霜麻烦。

(2) 间冷式电冰箱　间冷式电冰箱又称为风冷无霜电冰箱，是采用强制空气对流降温方式的电冰箱，在结构上将蒸发器集中放置在一个专门的制冷区域内，依靠风扇吹送冷气在冰箱内循环来降低箱内温度。

特点：降温速度快，箱内温度均匀，箱内的水分被空气带到蒸发器中凝结以至结霜，箱内不会结霜，融霜时箱内温度波动小，从蒸发器送至箱内的是干燥的空气，因而储藏食物的质量较好，尤其适合速冻食物，但结构复杂，干耗大，耗电比一般直冷式高5%～15%，价格较贵。

(3) 直冷、风冷混合式电冰箱　这种电冰箱冷藏室一般采用空气自然对流降温方式，冷冻室采用强制冷气对流降温方式。

特点：性能良好，用电子温控装置，价格较昂贵，适用于大容积多门豪华型电冰箱。

3. 按容积大小分类

(1) 携带式电冰箱　容积在12～20L范围内，多为半导体冰箱，供旅行及装在汽车上使用。

(2) 台式电冰箱　容积在30～50L之间，多设在旅馆房间内供住客使用。

图1-1　单门电冰箱

(3) 落地式电冰箱　容积在50L以上，我国家庭多使用150～270L的电冰箱。

4. 按箱门数量分类

(1) 单门电冰箱　单门电冰箱如图1-1所示，只设一扇箱门，其箱内上部有一个由蒸发器围成的冷冻室，可储藏冷冻食品。冷冻室下面为冷藏室，由接水盘与蒸发器隔开。

单门电冰箱都属于直冷式电冰箱。

(2) 双门电冰箱　双门电冰箱如图1-2所示有两个分别开启的箱门，多为立柜上下开启式。它有两个大小不等的隔间，小隔间为冷冻室，大隔间为冷藏室。

(3) 三门电冰箱　三门电冰箱如图1-3有3个分别开启的箱门或3只抽屉，对应的有3个不同的温区，适合储藏不同温度要求的各类食品，做到各间室的功能分开，食品生熟分开，保证了冷冻冷藏质量。这是近年来流行的产品。

(4) 四门或多门电冰箱　冰箱容积都在250L以上，制冷方式为风冷式，多为抽屉式结构，可设置不同的温区，便于储存温度要求不同的各种食品，如图 1-4 所示。

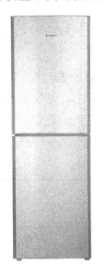

图 1-2　双门电冰箱

图 1-3　三门电冰箱

图 1-4　多门电冰箱

### 5. 按星级分类

| 级别 | 星号 | 冷冻室温度/℃ | 冷冻室储藏期 |
|---|---|---|---|
| 一星 | * | <−6 | 7 天 |
| 二星 | * * | <−12 | 1 个月 |
| 高二星（日本 JIS 标准） | * * | <−15 | 1.8 个月 |
| 三星 | * * * | <−18 | 3 个月 |
| 四星 | * * * * | <−24 | 6～8 个月 |

（二）电冰箱的规格和型号

1. 规格

根据我国国家标准 GB/T8059.1—1995 的规定：家用电冰箱的规格以有效容积表示。所谓"有效容积"，是指电冰箱关上箱门后其内壁所包括的可供储藏物品的空间，有效容积的计算方法是以实物为基础，结合图样或模具进行测算而得到的，没有统一的标准，国内一般倾向于：

（1）有效容积≤100L 为小规格冰箱；

（2）100L＜有效容积≤250L 为常规规格冰箱；

（3）有效容积＞250L 为大规格冰箱。

2. 型号

电冰箱的型号由表示产品名称、类型、有效容积等基本的参数字母和数字组合而成，国产电冰箱的型号命名如下：

□ □ □ □ □

1　2　3　4　5

□1——产品代号，B 表示家用电冰箱；

□2——用途分类代号（冷藏箱 C、冷藏冷冻箱 CD、冷冻箱 D）；

□3——规格代号（指有效容积，以阿拉伯数字表示，单位用 L 表示）；

□4——无霜冰箱用汉语拼音字母 W 表示，有霜冰箱不表示；

□5——改进设计序号，用大写英文字母表示。

例如：BC-180 表示家用冷藏箱，有效容积为 180L。

BCD-150B 表示家用冷藏冷冻箱，有效容积 150L，经过第二次设计改进。

BCD-251WA 表示家用冷藏冷冻箱，风冷式（无霜），有效容积 251L，经过第一次设计改进。

（三）电冰箱的制冷性能

1. 储藏温度

| 间室 | 储藏温度 | | |
|---|---|---|---|
| 冷藏室 | 0～10℃ | | |
| 冷冻室 | 一星级 | 二星级 | 三星级 |
| | ≤−6℃ | ≤−12℃ | ≤−18℃ |
| 冷却室 | 8～14℃ | | |

2. 冷却速度

冰箱的各个间室的瞬时温度都达到上表规定的储藏温度，要求其持续运行时间不超过 3 小时。

3. 耗电量

冰箱在规定的环境温度下正常运行，一天 24h 消耗的电能。单位为度（kW·h/24h）。

4. 负载温度回升时间

冰箱在断电的情况下，冷冻室温度从−18℃回升到−9℃所需要的时间，国标规定直冷电冰箱不得小于 250min，风冷冰箱不小于 300min。

5. 冷冻能力

在 24h 内，冰箱将规定重量的冷冻负载从 25℃冷冻到−18℃的能力。冷冻能力最低限值为 4.5kg/100L（冷冻室）和 45L 以下的冷冻室不得少于 2kg。

（四）电冰箱的箱体结构

电冰箱箱体由外箱、内胆、绝热层、箱门（门封胶条、门铰链等）、箱内附件（搁架、各类盒盘）等组成。双门电冰箱的箱体结构见图 1-5。

（五）电冰箱的制冷系统

家用电冰箱的制冷系统主要由压缩机、冷凝器、电磁阀、毛细管、蒸发器等组成，而电冰箱的核心部件是压缩机。家用电冰箱压缩机采用全封闭式压缩机。电冰箱的制冷工作原理如下。

（1）第一制冷回路 A：压缩机→冷凝器→二位三通电磁阀→第一毛细管→冷藏室蒸发器→冷冻室蒸发器→压缩机。

（2）第二制冷回路 B：压缩机→冷凝器→二位三通电磁阀→第二毛细管→冷冻室蒸发器→压缩机。

典型的压缩式电冰箱制冷系统，如图 1-6 所示。

（六）电冰箱的电气控制系统

冰箱的电气控制系统是通过由专门的装置组成的各个电路，来行使电冰箱的温度控制、

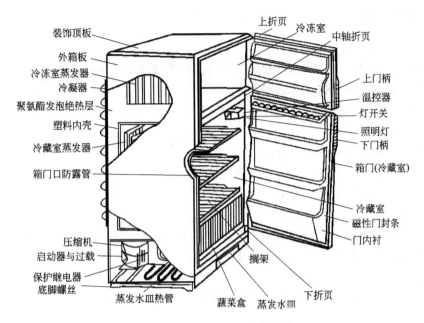

图 1-5　双门电冰箱的箱体结构

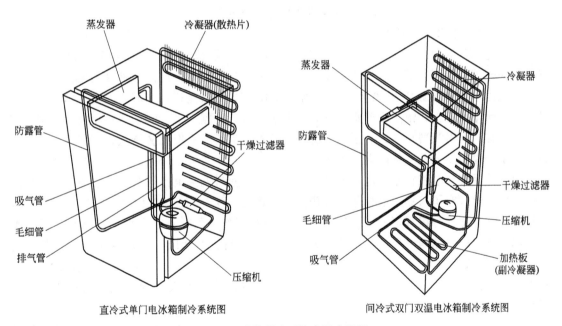

直冷式单门电冰箱制冷系统图　　　　　间冷式双门双温电冰箱制冷系统图

图 1-6　冰箱制冷系统实际布置图

融霜控制以及启动、保护、照明等各项功能。电冰箱控制系统的主要作用，是根据使用要求，自动控制制冷机的启动、运行和停止，调节制冷剂的流量，并对制冷机及其电气设备执行自动保护，以防止发生事故。此外，还可实现最佳控制，降低能耗，以提高制冷机运行的经济性。

电冰箱的电气控制系统包括：温度自动控制、除霜控制、流量自动控制、过载、过热以及异常保护等。电冰箱通过控制系统来保证其在各种使用条件下安全可靠地正常运行。

## 四、任务实施

（一）工具和设备的准备

1. 直冷式电冰箱、间冷式电冰箱或空调冰箱组装与调试实训考核装置。

2. 扳手、旋具、尖嘴钳、剪刀等钳工工具。

（二）任务实施步骤

1. 识别电冰箱的型号。

2. 识别电冰箱制冷系统各部件。

3. 讲述所拆电冰箱制冷系统部件名称、位置及作用。

4. 对电冰箱制冷系统进行拆装。

（三）注意事项

1. 在电冰箱的拆装前，必须明确各部件的名称、位置，以防在安装时出错。

2. 在拆装电冰箱制冷系统时要正确选用工具。

3. 操作时要注意安全。

4. 任务完成后要做好善后工作，包括设备复位、清洁场地等。

## 五、知识拓展

### 电冰箱现状与发展趋势

（一）我国电冰箱的现状

我国电冰箱的生产是从 1956 年开始的。20 世纪 80 年代起得到迅速发展。80 年代中期出现第一轮消费高潮，国产产品占有率较高，是较早进入百姓家庭的大件家用电器之一。然而我国电冰箱的平均寿命为 10 年，最长也不过 15 年，也就是说，当城市的电冰箱趋于饱和时，第一代电冰箱已相继步入寿命终期，需要更新换代。据报道，我国新一轮电冰箱消费高潮已经来临。面对消费市场的新需求，各大电冰箱厂家纷纷采取相应措施，不断进行技术创新，为市场提供了各式各样的名优产品。

（1）采用高效节能技术。电冰箱耗电量是广大消费者购买电冰箱时最关心的主要参数之一。我国相继颁布了《家用电冰箱电耗限定值及测定方法》（GB 12021.2—89）和《家用电冰箱产品质量分类分级规定》。后者规定：电冰箱电耗低于国际限定值 20％为 A 级产品。美国能源部颁布的电冰箱电耗限定值几乎是每 3 年就提高一次标准。1990 年实施的电耗限定值比 1987 年低 20％，1993 实施的电耗限定值比 1990 年低 25％～35％，目前已实施的 1998 年电耗限定值比 1993 年低 30％～40％。因此，节能技术的开发已成为电冰箱行业的重要课题。

（2）采用电子控制技术。将电子技术引入电冰箱设计中，通过设置工作状态选择（如最大制冷、快速制冷、省电等），自诊断系统，自动处理与报警（声、光、电）功能，使电冰箱始终处于最佳工作状态，以达到节能目的。

（3）采用超静音技术。最大限度地降低电冰箱运行噪声，一直是各电冰箱厂家追求质量的目标之一。

（4）采用各种多功能新技术。

① 风冷无霜技术：无霜电冰箱采用强制冷风循环制冷方式，箱内温度均匀，能自动除霜，而且可对储存食品进行冰温保鲜、除臭抗菌，更适合现代人快节奏的生活。

② 自动除臭技术：大多数电冰箱厂家纷纷推出了可自动除臭的电冰箱。一般采用触媒除臭、电子除臭和光除臭等技术。

③ 冰温室、保鲜室：用于储存鲜鱼、鲜肉、贝壳类、乳制品等的冰温保鲜室，既能保持食品的新鲜风味和营养成分，又不需解冻，且可比冷藏室储存更长时间，还可对冷冻室食品进行解冰，深受广大消费者的欢迎。

④ 果菜保湿室：大多电冰箱果菜室均增加了保湿功能。该技术采用微孔材料制成的透湿板结构，可以高湿时吸湿，低湿时放湿，使果菜室始终保持适宜的湿度，免除了无霜电冰箱的"风干"现象，相对延长了新鲜蔬菜的保留时间。

⑤ 方便性设计：在电冰箱设计中，引入了人机工程学原理，方便实用。

（5）采用箱门一体发泡新技术。

（6）采用可左右开门技术。

（7）具有抗菌功能。

（8）采用多风口送风技术。

（9）具有报警功能。当冷冻室、冷藏室、冰温保鲜室或果菜室的门开启时间超过一定时间（时间可预先设置好）时，控制系统便会发出报警声，提醒用户关好门。

（二）电冰箱的发展趋势

（1）向大容量、多门、多温方向发展。

（2）向智能化方向发展。

（3）向多元化发展。

（4）向隐形化发展。

（5）开发新制冷原理的电冰箱。

目前，各国的科学家正竞相寻找从根本上解决 CFC 问题的途径，研究开发新制冷原理和比较有前途的电冰箱技术，如吸收-扩散式电冰箱、半导体制冷电冰箱、太阳能制冷电冰箱、磁制冷电冰箱等。

# 任务二 认识家用空调器

## 一、任务描述

识别家用空调器的型号、结构及制冷系统主要组成部件，并讲述其主要组成部件的作用，对空调器制冷系统组成部件进行连接。

## 二、任务分析

要想完成此任务，首先要了解空调器的类别，分析不同类别空调器的结构，能够在空调器上找出各主要组成部件，明确其位置，结合空调器的工作原理，明确部件作用。在熟悉空调器的组成后，对制冷系统组成部件进行拆装，从而达到认识家用电冰箱的目的。

## 三、相关知识

（一）家用空调器的分类

空调是空气调节的简称，它是一门工程技术。空气调节器（简称空调器）是一种人为的气候调节装置，它可以对房间进行降温、减湿、加热、加湿、热风、净化等调节，利用它可以调节室内的温度、湿度、气流速度、洁净度等参数指标，从而使人们获得新鲜而舒适的空气环境。

依据不同的分类标准，空调器有很多种分类方式。

**1. 按系统的集中程度分类**

（1）集中式空调器　集中式空调器是将空气集中处理后，由风机通过管道分别送到各个房间中去。一般适用于大型宾馆、购物中心等。这种方式需专人操作，有专门的机房，具有空气处理量大、参数稳定、运行可靠的优点。

（2）局部式空调器　局部式空调器是将空调器直接或就近装配在所需房间内，安装简单方便，适于家庭使用。

（3）混合式空调器　混合式空调器又称半集中式，为以上两种方式的折中。它包括诱导式和风机式两种。诱导式把集中空调系统送来的高速空气通过诱导喷嘴，就地吸入经过二次盘管（加热或冷却）处理后的室内空气，混合送到房间内；风机式盘管式是把类似集中式的机组（集中式制冷、热源和风机）直接安装在空调房间内。

**2. 按空调器的实用功能分类**

（1）单冷型空调器　单冷型空调器又称为冷风型空调器，只能用于夏季室内降温，同时兼有一定的除湿功能。有的空调器还具有单独降湿功能，可在不降低室温的情况下，排除空气中的水分，降低室内的相对湿度。

（2）冷热两用型空调器　冷热两用型空调器又可分为3种类型：电热型、热泵型和热泵辅助电热型。夏季制冷运行时可向室内吹送冷风，而冬天制热运行时可向室内吹送暖风。其制冷运行的情况与单冷型空调器完全一样，而制热运行情况则视空调器的类别而异。电热型空调制热运行时压缩机停转，电加热器通电制热。由于电加热器与风扇电机设有连锁开关，当电加热器通电制热时风机同时运行，给室内吹送暖风；热泵型空调器制热运行时，通过电磁四通换向阀改变制冷剂的流向，使室内侧换热器作为冷凝器而向室内供热；热泵辅助电热型空调器是在热泵型空调器的基础上，加设了辅助电加热器，这样才能弥补寒冷季节热泵制热量的不足。

**3. 按空调器系统组合分类**

（1）整体式空调器　整体式空调器是将所有零部件都安装在一个箱体内，它又可分为窗式和立柜式。

（2）分体式空调器　分体式空调器将空调器分成室内机组和室外机组，然后用管道和电线将这两部分连起来。压缩机通常安装于室外机组，因而分体式空调器的噪声比较小。

分体式空调器按其室内机组安装位置，可分为壁挂式、吊顶式、嵌入式和落地式，如图1-7所示。

① 壁挂式　壁挂式分体机室内机组的换热器安装在机组内部的上半部分，而离心风机安装在下半部分。风从上面进，从下面出。壁挂式分体机又可以做成"一拖二"或"一拖三"的形式，即一台室外机组拖动两台或三台室内机组。但壁挂机风压偏低，送风距离短，室内存在送风死角，室温分布不够均匀。

② 吊顶式　吊顶式分体机的室内机组安装在室内天花板下，所以又称吸顶式或悬吊式。它由底下后平面进风，正前面出风（两侧面也可辅助出风），风压高，送风远，但安装、维修比较麻烦。

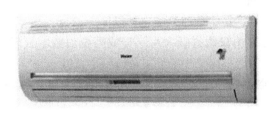

壁挂式空调器

吊顶式空调器

嵌入式空调器

落地式空调器

图 1-7　分体式空调器室内机

③ 嵌入式　嵌入式分体机的室内机组嵌埋在天花板里，从外观上只看到它的进出风口，因此又称埋入式机组。它可通过天花板内的吸排风管把冷气通入相邻房间，一机多用。嵌入式机组噪声低，送风均匀，但安装、检修都比较费事。

④ 落地式　落地式分体机的室内机组外形为一台立式或卧式柜，因此又称柜式机组，它通常安装在窗口下的墙边。

而分体式空调器的室外机组多为通用型，其外形如图 1-8 所示。

**（二）家用空调器的型号**

空调型号的表示方法国家有统一的标准，国产空调器型号基本格式为"①②③—④⑤⑥⑦⑧"。

①位置上的字母表示产品代号，如果为 K，则表示是房间空调器。

图 1-8　分体式空调器室外机

②位置上的字母表示空调的结构形式，空调器按结构形式分为整体式和分体式，整体式空调器又分为窗式和移动式，代号分别为：F 为分体式，C 为窗式，Y 为移动式。

③表示功能代号（单冷型无此代号）。R 为热泵型，Rd 为热泵辅助电加热，D 为电热型。

④表示额定制冷量，用阿拉伯数字表示。

⑤表示分体式室内机组结构代号，D 为吊顶式、G 为挂壁式、L 为落地式、Q 为嵌入式等。

⑥表示分体式空调器室外机代号，W代表室外机。

⑦表示改进型代号。分为A、B、C、D、E等，在字母前面加斜杠以区分。

⑧表示工厂设计序号和特殊功能代号等，允许用汉语拼音大写字母或阿拉伯数字表示，如变频为BP，遥控为Y。

例如：KCD-46（4620）：其中K表示房间空调器，C表示窗机，D表示电热型，46表示制冷量是4600瓦。

KFR-25GWE（2551）：其中K表示房间空调器，F表示分体式，R表示热泵型，25表示制冷量是2500瓦，G表示挂壁式，W表示室外机代号，E表示该型号为改进型产品，即冷静王系列产品。

（三）家用空调的箱体结构

家用空调器的种类不同，其结构也不尽相同，分体式空调器由室内机组、室外机组及连接室内机组与室外机组的管路三部分组成。室内机组主要包括：机组外壳、送风百叶、回风格栅、室内热交换器、贯流风扇及电动机、摇风机构及微型电动机、冷凝水接水盘及排水口、室内机组电气控制件及遥控器等。室外机组有压缩机、轴流风机、冷凝器及室外的管道等部件。分体壁挂式空调器的结构如图1-9所示。

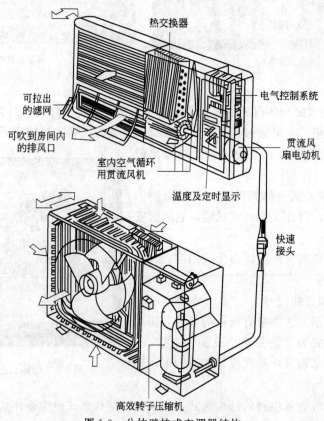

图1-9 分体壁挂式空调器结构

（四）家用空调器的制冷系统

空调器制冷系统主要由压缩机、蒸发器、冷凝器和节流器件等组成，此外，还包括一些辅助性元器件，如干燥过滤器、气液分离器（储液器）、电磁换向阀等。空调器制冷系统如图1-10所示。

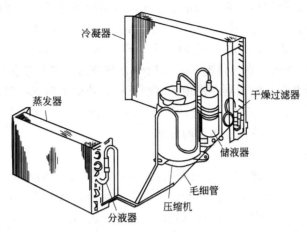

图 1-10 空调器制冷系统

（五）家用空调器的电气控制系统

空调器的电气控制系统由电机、继电器、温控器、电容器、熔断器及开关、导线和电子元器件等组成，用以控制、调节空调器的运行状态，保护空调器的安全运行。分休壁挂式空调器的控制线路由室内、外机组控制电路和遥控器电路组成。遥控器发射控制命令，微电脑处理各种信息并发出指令，控制室内机组与室外机组工作。

（六）家用空调器的空气循环系统

空调房间的空气在空调器的作用下，沿以下路径循环：室内空气由机组面板进风栅的回风口被吸入机内，经过空气过滤器净化后，进入室内热交换器（制冷时为蒸发器，热泵制热时为冷凝器）进行热交换，经冷却或加热后吸入电扇，最后由出风栅的出风口再吹入室内。空气循环系统的作用是强制对流通风，促使空调器的制冷（制热）空气在房间内流动，以达到房间各处均匀降温（升温）的目的。空气循环系统是由空气过滤器、风道、风扇、出风栅和电动机等组成。

1. 室内空气循环

离心风机装在蒸发器内侧，构成室内空气循环系统，如图 1-11 所示。室内空气通过过滤网去尘，吸向离心风机，经蒸发器冷却后，再由风机的扇叶将冷气由风道送往室内。离心

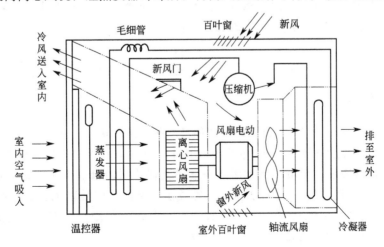

图 1-11 室内空气循环系统图

风机一般由工作叶轮、螺旋形涡壳、轴承座组成，其结构像理发馆使用的吹风机。由电动机驱动风机叶轮，当叶轮在涡壳中旋转时，叶片之间吸入气体，在离心力的作用下，气体抛向叶轮周围、体积压缩、密度增加，产生静压力；同时加大气流速度，产生动压（提高了动能），使气体由风机口送出。在此情况下，叶轮中心部分形成低压空间，空气不断吸入，形成空气进、出的不断循环。空调器中使用的离心风机，希望噪声低，因此选低转速的，一般为 500～600r/min。往室内送气的出风栅可以调节出风方向，制冷时调至向上倾斜，制热时调至向下倾斜，以利于空气冷沉、热升的自然对流。

2. 室外空气循环

由图 1-11 可知，轴流风机装在冷凝器内侧，构成室外空气循环系统。室外空气从空调器两侧百叶窗吸入，经轴流风机吹向冷凝器，携带冷凝器的热量送出室外。轴流风机由几个扇叶和轮筒组成，其结构像生活中的排风扇。空气轴向流动，噪声小，风量大。由于夏季室外温度较高，进入冷凝器的气温高，因而空调器中大多采用压头低、流量大的轴流风机。

风道用铝制薄板构成，与离心风机连在一起，使风机排出的冷空气通过风道方向排往室内。为了使室内更新空气，在风道一端开有一扇小门，污浊空气由此排出，为了给轴流风机补风，又在风道的另一侧设有进风口，从外界补入新鲜空气。由于进来的是室外新鲜热空气，排出的是室内混浊的冷空气，所以会损失一些制冷量。

## 四、任务实施

（一）工具和设备的准备

1. 分体式空调器或空调冰箱组装与调试实训考核装置。
2. 扳手、旋具、尖嘴钳、剪刀等钳工工具。

（二）任务实施步骤

1. 识别空调器的型号。
2. 识别空调器制冷系统各部件。
3. 讲述空调器制冷系统部件名称、位置及作用。
4. 对空调器制冷系统进行拆装。

（三）注意事项

1. 在空调器的拆装前，必须明确各部件的名称、位置，以防在拆装时出错。
2. 在拆装空调器制冷系统时要正确选用工具。
3. 操作时要注意安全。
4. 任务完成后要做好善后工作，包括设备复位、清洁场地等。

## 五、知识拓展

### 空调器的匹数和房间所需制冷量

目前市场上有关空调器制冷量的标称很不统一、规范。严格讲，空调器输出制冷量的大小应以 W（瓦）来表示，而市场上常用匹来描述空调器制冷量的大小。这二者之间的换算关系为：1 匹的制冷量大约为 2000 大卡，换算成国际单位瓦应乘以 1.162，这样，1 匹制冷量＝2000 大卡×1.162＝2324W。这里的 W（瓦）即表示制冷量，而 1.5 匹的制冷量应为 2000 大卡×1.5×1.162＝3486W。

通常情况下，家庭普通房间每平方米所需的制冷量为 115～145W，客厅、饭厅每平方米所需的制冷量为 145～175W。

比如，某家庭客厅使用面积为 15m²，若按每平方米所需制冷量 160W 考虑，则所需空调制冷量为：160W×15＝2400W。

这样，就可根据所需 2400W 的制冷量对应选购具有 2500W 制冷量的 KF-25GW 型分体壁挂式空调器。

所谓能效比也称性能系数即一台空调器的名义制冷量与其耗电功率的比值。通常，空调器的能效比接近 3 或大于 3 为佳，就属于节能型空调器。

比如，一台空调器的制冷量是 2000W，额定耗电功率为 640W，另一台空调器的制冷量为 2500W，额定耗电功率为 970W。则两台空调器的能效比值分别为：第一台空调器的能效比：2000W/640W＝3.125，第二台空调器的能效比：2500W/970W＝2.58。这样，通过两台空调器能效比值的比较，可看出，第一台空调器即为节能型空调器。

匹数并不是说空调的制冷量。平时所说的空调是多少匹，是根据空调消耗功率估算出空调的制冷量。一般情况下，我们定义 1 匹约等于 2500W 的制冷量（也就是编号中 KFR-25），1.5 匹约等于 3500W 的制冷量（也就是编号中的 KFR-35）。

当制冷量确定后（即可根据自己家庭的实际情况估算制冷量）选择合适的空调器。

# 家用电冰箱全封闭式制冷压缩机的更换

**【情境导学】**

全封闭式制冷压缩机是家用电冰箱制冷系统的核心和心脏。压缩机的能力和特征决定了制冷系统的能力和特征。故对于电冰箱的维修来说，压缩机的更换技术尤其重要。本学习情境共包含了 3 个任务，通过完整的电冰箱压缩机更换过程，使大家掌握制冷系统的吹污、清洗、充放制冷剂、检漏等基本维修操作，同时掌握部分制冷基本工具的使用方法。

**【知识目标】**

1. 掌握电冰箱压缩机的拆卸及检测方法。
2. 掌握电冰箱制冷系统的吹污及清洗方法。
3. 掌握电冰箱压缩机的安装更换方法。
4. 掌握电冰箱制冷系统的检漏及压缩机控制电路连接方法。
5. 掌握电冰箱制冷系统的抽真空、充注制冷剂、封焊工艺管的方法。

**【能力目标】**

1. 能正确使用压缩机拆卸及检测工具，并完成压缩机的拆卸及检测。
2. 能正确使用制冷系统吹污及清洗工具，并完成制冷系统的吹污及清洗。
3. 能正确使用焊接工具，并完成干燥过滤器的更换及压缩机的安装。
4. 能正确使用制冷系统检漏及电路连接工具，并完成压缩机控制电路连接。
5. 能正确使用制冷系统抽真空、制冷剂充注工具，并完成制冷系统抽真空、制冷剂充注。

## 任务一　压缩机的拆装及检测

### 一、任务描述

电冰箱上的压缩机出现了故障，现需要更换一台新的压缩机，按压缩机的拆装检测顺序，在装置上进行家用电冰箱的压缩机的拆装及检测。

### 二、任务分析

要想完成压缩机的拆装及检测，首先要对系统中的制冷剂进行回收，然后拆下旧压缩机，根据原有压缩机型号思考选用新的压缩机，在更换前要对新的压缩机进行检测，检测合格后进行安装，安装时需注意正确使用专用维修工具。

### 三、相关知识

（一）压缩机拆卸工具的使用

1. 割管器

割管器也称为割刀，是专门切断直径 4～20mm 的紫铜管、铝管等金属管（空调连接管）的工具。割刀的构造如图 2-1 所示。

图 2-1　割刀的构造

1—割轮（割刀）；2—支撑滚轮；3—调整转柄

割刀的使用方法：将铜管放置在滚轮与割轮之间，铜管的侧壁贴紧两个滚轮的中间位置，割轮的切口与铜管垂直夹紧。然后转动调整转柄，使割刀的切刃切入铜管管壁，随即均匀地将割刀整体环绕铜管旋转。旋转一圈后再拧动调整转柄，使割刃进一步切入铜管，每次进刀量不宜过多，只需拧进 1/4 圈即可，然后继续转动割刀。此后边拧边转，直至将铜管切断。切断后的铜管管口要整齐光滑，适宜胀扩管口。

2. 扩管器

扩管器又称为胀管器。主要用来制作铜管的喇叭口和圆柱形口（杯形口）。喇叭口形状的管口用于螺纹接头或不适于对插接口时的连接，目的是保证对接口部位的密封性和强度。圆柱形口（杯形口）则在两个铜管连接时，一个管插入另一个管管径内使用。扩管器的结构如图 2-2 所示。

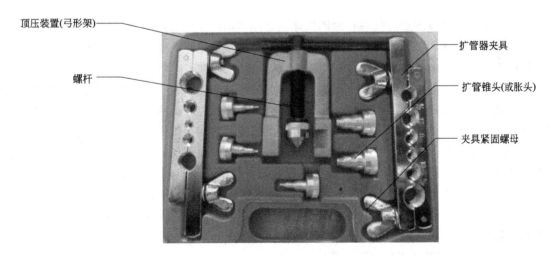

图 2-2　扩管器的结构

扩管器的使用方法：扩管时首先将铜管扩口端退火并用锉刀锉修平整，使管口无毛刺，然后把铜管放置于相应管径的夹具孔中，拧紧夹具上的紧固螺母，将铜管牢牢夹死。具体的扩口操作方法如图 2-3 所示。

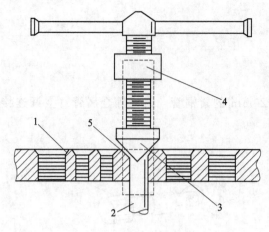

图 2-3　扩口的操作方法
1—夹具；2—铜管；3—扩管锥头；
4—弓形架；5—铜管的扩口

扩喇叭形口时管口必须高于扩管器的表面，其高度大约与孔倒角的斜边相同，然后将扩管锥头旋固在螺杆上，连同弓形架一起固定在夹具的两侧。扩管锥头顶住管口后再均匀缓慢地旋紧螺杆，锥头也随之顶进管口内。此时应注意旋进螺杆时不要过分用力，以免顶裂铜管。一般每旋进 3/4 圈后再倒旋 1/4 圈，这样反复进行直至扩制成形。最后扩成的喇叭口要圆正、光滑、没有裂纹、不能过大、不能过小、喇叭口边沿无毛刺重叠（双眼皮）和喇叭口周边不齐现象。

扩制圆柱形口时，夹具仍必须牢牢地夹紧铜管，否则扩口时铜管容易后移而变位，造成圆柱形口的深度不够。管口露出夹具表面的高度应略大于胀头的深度。扩管器配套的系列胀头对于不同管径的胀口深度及间隙都已制作成形，一般小于 10mm 管径的伸入长度为 6～10mm，间隙为 0.06～0.1mm。扩管时只需将与管径相应的胀头固定在螺杆上，然后固定好弓形架，缓慢地旋进螺杆。具体操作方法与扩喇叭口时相同。

**3. 倒角器**

铜管在切割加工过程中，铜管易产生收口和毛刺现象。倒角器主要用于去除切割加工过程中所产生的毛刺，消除铜管收口现象。

**4. 气焊工具**

气焊是一项专门技术。在制冷设备、电冰箱的维修中，涉及铜管与铜管、铜管与钢管的焊接都应用气焊。

气焊是利用可以燃烧的气体和助燃气体混合点燃后产生的高温火焰，加热熔化两个被焊接件的连接处，并用填充材料，将两个分离的焊件连接起来，使它们达到原子间的结合，冷凝后形成一个整体的过程。

在气焊中，一般用乙炔或液化石油气作为可燃气体，用氧气作为助燃气体，并使两种气体在焊枪中按一定的比例混合燃烧，形成高温火焰。焊接时，如果改变混合气体氧气和可燃气体的比例，则火焰的形状、性质和温度也随之改变。焊接火焰选用及调整正确与否，直接影响焊接质量。在气焊中，我们根据所需温度的不同，选择不同的火焰。气焊使用的焊具是焊枪（焊炬）。所需要的焊接设备有氧气钢瓶、乙炔气钢瓶（或液化石油气钢瓶）、连接软管及减压表等，其外形如图 2-4 所示。使用的焊料为铜磷焊条或银基焊条。

（1）火焰的种类和性质　焊接火焰是气焊的热源，火焰的正确选用和调节是焊接质量的保证。制冷管道的焊接，要根据不同的材料选用不同的火焰。

氧气-乙炔气气焊火焰共分三大类。

① 碳化焰。当乙炔气的含量超过氧气的含量时，火焰燃烧后的气体中尚有部分乙炔未曾燃烧，喷出气体的火焰为碳化焰，如图 2-5(a) 所示。碳化焰的火焰明显分三层：焰心呈白色，外围略带蓝色；内焰为淡白色；外焰为橙黄色。火焰长而柔软，温度为 2700℃左右，适用焊接铜管与钢管。

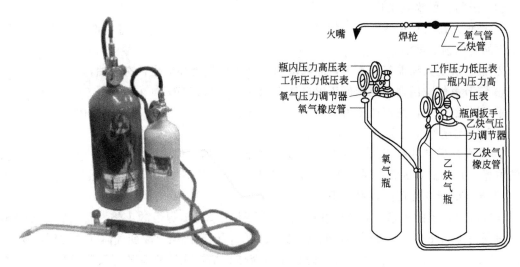

图 2-4  便携式气焊设备外形图

② 中性焰。中性焰时氧和乙炔的含量适中，此时乙炔可充分燃烧，如图 2-5(b) 所示，中性焰的火焰也分三层：焰心呈尖锥形，色白而明亮；内焰为蓝白色，呈杏核形；外焰由里向外逐渐由淡紫色变为橙黄色。中性焰的温度在 3100℃左右，适宜焊接铜管与铜管、钢管与钢管。

③ 氧化焰。当氧气超过乙炔气的含量时，喷出的火焰为氧化焰，如图 2-5(c) 所示。氧化焰的火焰只有两层：焰心短而尖，呈青白色；外焰也较短，略带紫色，火焰挺直。氧化焰的温度在 3500℃左右。氧化焰由于氧气的供应量较多，氧化性很强，会造成焊件的烧损，致使焊缝产生气孔、夹渣，不适于制冷管道的焊接。

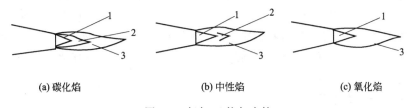

(a) 碳化焰              (b) 中性焰              (c) 氧化焰

图 2-5  氧气-乙炔气火焰
1—焰心；2—内焰；3—外焰

(2) 焊接的结构形式  相同管径铜管的对焊：两根直径相同的紫铜管相对焊接时，应采用插入式（杯形口）的焊接结构。紫铜管的一端用扩管器扩成圆柱形口（杯形口），接口部分内外表面用纱布清整擦亮，不可有毛刺、锈蚀或凸凹不平，另一根紫铜管也按此方法清理干净，然后插入扩口内压紧，以免焊接时焊料从间隙流进管内。

插焊时要注意紫铜管插入圆柱形口（杯形口）的深度和间隙。扩圆柱形口（杯形口）时要扩足深度。一般插焊的深度和间隙见表 2-1。

表 2-1  插焊的深度和间隙表

| 管径/mm | φ6.35 | φ9.52 | φ12.70 | φ15.88 | φ19.05 |
|---------|-------|-------|--------|--------|--------|
| 深度/mm | 7.5 | 12 | 14.5 | 19 | 22 |

（3）焊接前的准备工作

① 检查高压气体钢瓶。气瓶的喷口不得朝向人的身体，连接胶管不得有损伤，减压器周围不能有污渍、油渍。

② 检查焊炬火嘴前部是否有弯曲和堵塞，气管口是否被堵住，有无油污。

③ 调节氧气减压器，控制低压出口压力为 0.15～0.2MPa。

④ 调节乙炔气钢瓶出口压力为 0.01～0.02MPa。如使用液化石油气气体则无需调节减压器，只需稍稍拧开瓶阀即可。

⑤ 检查被焊工件是否修整完好，摆放位置是否正确。焊接管路一般采用平放并稍有倾斜的位置，并将扩管的管口稍向下倾，以免焊接时熔化的焊料进入管道造成堵塞。

⑥ 准备好所要使用的焊料、焊剂。

（4）调整焊炬的火焰　通过控制焊炬的两个针阀来调整焊炬的火焰。首先打开乙炔阀，点火后调整阀门使火焰长度适中，然后打开氧气阀，调整火焰，改变气体混合比例，使火焰成为所需要的火焰。一般认为中性焰是气焊的最佳火焰，几乎所有的焊接都可使用中性焰。调节的过程如下：

由大至小：中性焰（大）→减少氧气→出现羽状焰→减少乙炔→调为中性焰（小）。

由小至大：中性焰（小）→加乙炔→羽状焰变大→加氧气→调为中性焰（大）。

调节的具体方法应在焊接时灵活掌握，逐渐摸索。

（5）焊接　首先要对被焊管道进行预热。预热时焊炬火焰焰心的尖端离工件约 2～4mm，并垂直于管道，这时的温度最高。加热时要对准管道焊接的结合部位全长均匀加热。加热时间不宜太长，以免结合部位氧化。加热的同时在焊接处涂上焊剂，当管道（铜管）的颜色呈暗红色时，焊剂被熔化成透明液体，均匀地润湿在焊接处，立即将涂上焊剂的焊料放在焊接处继续加热，直至焊料充分熔化，流向两管间隙处，并牢固地附着在管道上时，移去火焰，焊接完毕。然后先关闭焊枪的氧气调节阀，再关闭乙炔气调节阀。

（6）焊接后的清洁与检查　焊接时，焊料没有完全凝固时，绝对不可使铜管动摇或振动，否则焊接部位会产生裂缝，使管路泄漏。焊接后必须将焊口残留的焊剂、熔渣清除干净，焊口表面应整齐、美观；圆滑、无凹凸不平，并无气泡和夹渣现象。最关键的是绝无泄漏，这要通过试压检漏去判别。

（7）焊接安全注意事项

① 安全使用高压气体，开启瓶阀应平稳缓慢，避免高压气体冲坏减压器。调整焊接用低压气体时，要先调松减压器手柄再开瓶阀，然后调压，工作结束后，先调松减压器再关闭瓶阀。

② 氧气瓶严禁靠近易燃品和油脂。搬运时要拧紧瓶阀，避免磕碰和剧烈振动。接减压器之前，要清除瓶嘴上的污物。要使用符合要求的减压器。

③ 氧气瓶内的气体不允许全部用完，至少要留 0.20～0.50MPa 的剩余气量。

④ 乙炔气钢瓶的放置和使用与氧气瓶的方法相同，但要特别注意高温高压对乙炔气钢瓶的影响，一定要放置在远离热源、通风干燥的地方，并且要求直立放置。

⑤ 焊接操作前要仔细检查瓶阀、连接胶管及各个接头部分，不得漏气。焊接完毕要及时关闭钢瓶上的阀门。

⑥ 焊接工件时，火焰方向应避开设备中的易燃易损部位，应远离配电装置。

⑦ 焊炬应存放在安全地点。不要将焊炬放在易燃、腐蚀性气体及潮湿的环境中。

⑧ 不得无意义地挥动点燃后的焊炬，避免伤人或引燃其他物品。

**（二）制冷剂的回收**

全封闭压缩机制冷系统，大多数无储液装置和三通阀，检修过程中需将制冷剂排入制冷剂盛装容器中时，操作方法如下。

1. 在压缩机的高压排气管上加一个专用管修理阀。

2. 将外接压缩机的吸气口用耐压胶管接专用管修理阀的接口，排气口接已抽空的制冷剂盛装容器，容器上的胶管暂不拧紧。

3. 开动外接压缩机，开启专用管修理阀，当容器上的胶管管帽处有制冷剂喷出时，拧紧管帽，同时打开容器阀门。边抽边观察压力表所示压力。如果超压，就应停机，待压力下降后再开机，直至制冷系统的制冷剂全部排入盛装容器中为止。操作中要用冷水冷却制冷剂盛装容器，以便较快地将制冷剂排入容器。全封闭式压缩机制冷系统抽出制冷剂的装置如图2-6所示。

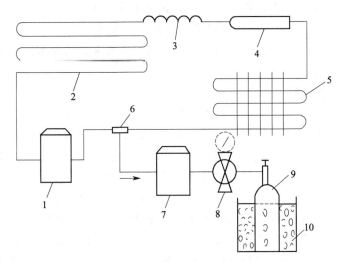

图 2-6　全封闭式压缩机制冷系统抽出制冷剂装置

1—压缩机；2—蒸发器；3—毛细管；4—过滤器；5—冷凝器；6—专用管修理阀；
7—外接压缩机；8—带压力表的三通阀；9—制冷剂盛装容器；10—装有水和冰块的容器

**（三）单相压缩机接线端子的识别**

电冰箱压缩机为单相电动机，电动机定子中有运行绕组和启动绕组。压缩机电机与冰箱制冷系统其他控制元件的线路联接，是通过压缩机封闭机壳上的三个接线端子联接的。三个接线端子分别为运行端、启动端和公共端，三者的位置必须判别准确才能接线。冰箱压缩机国内外产品规格众多，三个接线端子位置各不相同。国外压缩机一般都有标志，通常以 M（或 R）代表运行绕组，S 代表启动绕组，C 代表公共线。国产压缩机目前尚无标志。怎样正确识别压缩机绕组接线端子呢？

在测量之前先分别在每根线柱附近标上 1，2，3 的记号，然后用万用表测量 1 与 2，2 与 3，3 与 1 三组线柱之间的电阻，测量得到的电阻值如图 2-7 所示。2 与 3 之间的阻值最大为 45Ω，是运行绕组和启动绕组的电阻值之和，说明另一线柱 1 为运行绕组与启动绕组的公共接头。1 与 3 之间的电阻值是 33Ω，为次大电阻，应是启动绕组的电阻值；1 与 2 之间的电阻值是 12Ω，为最小电阻，应是运行绕组的电阻值。因此，可以判断引线柱 1 为公共接

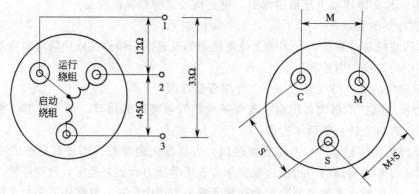

图 2-7　单相压缩机接线端子标识

头，引线柱 2 是运行绕组接头，引线柱 3 是启动绕组接头。对于压缩机电动机绕组阻值的测量，单相电动机在 3 个引线上测得的阻值，应满足如下关系：

$$总阻值＝运行绕组阻值＋启动绕组阻值$$

由此可总结出方便记忆的方法：运行与启动端阻值最大；启动与公共端阻值中等；运行与公共端阻值最小。

（四）电动机质量的鉴别

通过测量压缩机接线端子间的电阻值可判断出电动机绕组有无故障。造成冰箱不启动的压缩机故障，最常见的是电机绕组烧毁。电机绕组如果完全烧断，通电后压缩机启动电流等于零，而如果绕组与定子或两绕组之间严重短路，会导致电流增大。而此时如果冰箱通电，电源保险丝很快被烧毁，或者是将保护器烧断后，冰箱亦无法启动。

压缩机的电机绕组烧毁，大部分发生在启动绕组上。因启动绕组的线径较细，且它是按短时工作方式设计的。如果电机不能正常启动，保护器又未能及时动作，就会烧毁启动绕组。若保护器能动作，但压缩机又不能正常运转，就会出现启动频繁现象，此时，电流很大。长时间的反复动作，将使启动绕组温度不断升高，最终也会将启动绕组烧坏。

检查压缩机绕组首先要测量启动绕组和运行绕组的直流电阻值。用万用表电阻挡测量电动机绕组的阻值。分别测量每两个接线端子之间的电阻值，即 $R_{MC}$、$R_{SC}$ 和 $R_{MS}$。在一般情况下，应满足下述关系：

$$R_{MC} < R_{SC} < R_{MS} \text{ 和 } R_{MC} = R_{SC} + R_{MS}$$

在测量全封闭压缩机电动机的直流电阻的同时，还必须测量压缩机电动机绕组的绝缘电阻。利用绝缘电阻表测量三个接线端子对地（外壳）的电阻值 $R_{MG}$、$R_{SG}$ 和 $R_{CG}$，正常值应在 $2M\Omega$ 以上，如果绝缘电阻小于 $2M\Omega$ 较多或接近于零，则说明电动机绕组对地短路，绕组绝缘已受到破坏，发生绕组碰壳故障。

## 四、任务实施

（一）工具和设备的准备

1. 电冰箱或空调冰箱组装与调试实训考核装置。

2. 压缩机、气焊设备等。

3. 万用表、绝缘电阻表、钳形电流表、小锤、活动扳手、割管器、扩管器、盛水容器、氮气瓶、耐压橡胶软管等。

（二）任务实施步骤

1. 从电冰箱上拆下旧压缩机

拆下压缩机上的启动继电器、过载保护器等电器元件；割开压缩机工艺管，放出制冷剂，用割管器或气焊焊炬，断开压缩机与制冷系统连接管的焊口；然后拆下压缩机底座与电冰箱底盘上的紧固螺栓，取下压缩机。

2. 压缩机的检测

（1）压缩机接线端子的识别。用万用表测量压缩机三个接线端子之间的电阻，确定电动机 C、S、M 端子。

（2）电动机质量的鉴别。用万用表测量压缩机电动机绕组是否断路或短路；用绝缘电阻表测量压缩机三个接线端子对地（外壳）的电源电阻，以判断是否发生绕组碰壳故障。

（3）压缩机的机械故障判断。

① 对电动机经过检测确认是良好的压缩机进行直给法启动，以判断是否发生机械故障。

② 对压缩机进行空转测试。给电冰箱压缩机接上启动和保护装置，然后接通电源，用钳形电流表测出空载启动电流和空载运行电流；当电流正常且运行声音平稳时，用手指按住排气口，应不能堵住；将手指放在吸气口，应有明显的吸力，说明压缩机吸排气良好。

3. 压缩机的选用

新选用的压缩机功率应与原压缩机的功率一致，或略大于原压缩机的功率，因为压缩机的功率标志其排气量的大小，功率小的压缩机排气量小，不能满足电冰箱排气量的需要；功率大的压缩机排气量大，但电冰箱中的蒸发器、冷凝器面积已定，换热能力是确定的，压缩机的排气量大也得不到充分的利用，反而多消耗了电能。对新换压缩机进行确认，对不同型号的压缩机应用外形尺寸、基本参数等进行校核。

4. 新选用压缩机的检测

检测的主要内容包括排气的能力、启动性能、振动与噪声、运行电流等，还需要测量新压缩机的高度、长度、宽度，已保证能装在电冰箱原压缩机的位置上。压缩机底座上的固定孔与电冰箱底盘上的固定孔间的孔距不符时，可重新在电冰箱底盘钻孔，使孔距与压缩机底座上的孔距一致。

5. 压缩机的安装

检查原压缩机底座的减震线圈，如老化、变形或损坏，则应更换。把新的压缩机放到电冰箱底盘上，加减震胶圈，用紧固螺栓加以固定，对压缩机形成四点支撑而悬空。除这四个胶圈支撑外，压缩机的其他部位不得与电冰箱底盘相碰。

焊接制冷管路。将压缩机的吸、排气管与制冷系统的管线套接好。这时当管长允许时可在管口处直接扩口，把另一管插入；当管较短不能直接相连时，需要另取一段适当长度和直径的紫铜管，并制成杯形口连接形式，把另一管插入。在这些管路连接接口都制作好之后，再点燃焊接焊炬，然后对各焊口逐一进行焊接。

（三）注意事项

1. 安装和拆卸时应尽量保持压缩机水平，倾斜角小于 30°，否则易造成压缩机吊簧脱离。

2. 防止在安装和拆卸过程中，压缩机排气口、吸气口、工艺管口中进入异物，从而导致新的压缩机故障。

3. 焊接压缩机各管口时，应用黄铜焊条进行焊接。

4. 焊接过程要快速，温度不要过高，尽量不要反复焊接，以防止压缩机管口出现焊堵、焊漏或者焊口氧化导致无法焊接。

5. 更换压缩机功率要相同，更换压缩机结构要相同。

6. 实训中应注意安全用电。

7. 检测过程中一定要做好记录。

8. 测量电动机的直流电阻时，接线端子金属柱表面应清除氧化层，表笔与接线柱间应接触紧固，以减少测量时的接触电阻。

## 五、知识拓展

### 全封闭式压缩机故障判断及开壳维修

（一）全封闭式压缩机故障判断

1. 排气故障

故障现象：电冰箱压缩机在运行时，冷凝器不热或微热，压缩机内有轻微的气流声或压缩机长时间运行时制冷效果不好。

故障原因：在排除制冷剂泄漏、毛细管和过滤器堵塞后，就是压缩机的排气系统发生了故障。主要是高压排气管路断裂或密封垫击穿，使制冷剂在机壳内循环，产生气流声，造成电冰箱不制冷或制冷效果不好。由于阀片破裂（液击或材质差）、阀片积碳（油过热变质）或压缩机活塞与汽缸间隙过大（磨损造成的），使压缩机排气量不足，也是影响制冷效果的另一个原因。

2. 噪声故障

故障现象：压缩机在运行时，机壳内发生"喵喵"的金属撞击噪声。

故障原因：发生这类故障原因是减震弹簧严重变形、脱位和断裂，使弹簧失去减震作用，因而使机体撞击外壳内壁产生噪声。

3. 抱轴、卡缸、晃轴故障

故障现象：电冰箱通电后，压缩机不转，发出"嗡嗡"声。

故障原因：在电源电压、电机绕组、启动器正常时，电机不转动，这种故障是压缩机被"卡死"，其故障多发生在主轴、活塞、汽缸和连杆等部位。原因主要是压缩机油路被脏物堵塞，使供油系统不通畅，机件受到磨损而"卡死"。脏物粘在活塞上或转轴与轴套磨损造成间隙过大，在通电后转子被电磁力吸到一边而偏芯，也是电机在通电后不能转动的另一种原因。

4. 绕组故障

故障现象：通电压缩机不转或运转不正常。

故障原因：当电源、启动器、热保护器正常时，先用万用表测压缩机绕组电阻值，看运转绕组、启动绕组的电阻值是否正常。如果电阻值趋于无穷大，则是运转绕组、启动绕组断路或引线插座脱落。如果阻值过小，则运转绕组、启动绕组存在匝间短路或相间短路。再用兆欧表测量接线柱与机壳间绝缘电阻，如果阻值趋于零，则是运转绕组或启动绕组对地短路。发生以上故障的压缩机都必须开壳修理。

（二）压缩机开壳修理

开壳修理时，可将其从电冰箱上卸下来。倒出油，先看油的量，一般压缩机油量在$50\sim350\mathrm{mL}$之间（机型不同油量不同）。再看油是否变质，颜色变深、有焦味、不透明或变黑。从油的颜色、气味就可以判断压缩机内部过热和磨损情况。

1. 压缩机开壳

圆形插口压缩机可将它固定在机床上开壳。翻边对接的压缩机可用气焊切割压缩机焊缝。

对于插口椭圆形的压缩机，可将其固定在台钳上用钢锯锯开。对各种形状的压缩机都可以用角向磨光机来磨焊缝开壳。压缩机开壳后，将压缩机内引线插座从插头上拨下来，再把高压输出管螺栓和卡子松开后，机身可从减震弹簧上卸下来（座簧有四个，机身可直接拿出机壳，吊簧有三个，卸吊簧可用尖嘴钳逆时针方向旋动，上吊簧时得用凹形螺丝刀顺时针方向旋动）。拆下来的零件用汽油清洗，涂油防锈，盖好防尘（定子线圈除外）。

2. 阀片、阀板修理与组装

高、低压阀片和阀板结碳，用壁纸刀刮下来并磨平（在软布上或有油的玻璃上磨），如果阀片变形、磨损和断裂都需要换新阀片。将修好的低压阀片组装时，将其舌尖撬一下，使舌尖与阀板孔有 0.2mm 间隙（有利压缩机启动）。高压阀片固定在阀板上，要求高压阀片与阀板密封性好。可用下面方法判断密封性好坏，用冷冻油滴入阀板的高压气孔中，五分钟后，没有油从高压阀片侧渗出为密封好，也可以用臂对阀板高压孔吸一下，如感到有吸力，则高压阀片与阀板密封好。修好的阀片与阀板往压缩机上组装时，需用密封垫。如果密封垫损坏，可用耐油石棉板制作，其厚度在 0.25~0.45mm 之间。

3. 抱轴或卡缸的修理和组装

将机体放在柴油中漫泡一天后，用手拧电机转子，看轴与机架有无松动。如果松动，则可增大旋转角度，直到电机旋转自如为止，涂油防锈备用。如果不松动，可拆卸汽缸、滑管与滑块（滑管式压缩机）；拆连杆与曲轴的固定螺栓，使连杆与曲轴分开（连杆式压缩机），看活塞和汽缸划伤情况，脏物附着情况。如有划伤，将其毛刺磨掉，将脏物清洗掉。

检查一下活塞与汽缸间隙大小，方法是：将活塞涂上冷冻油插入汽缸，用手掌封住汽缸端面，另一手拉动活塞，活塞对手掌吸力应越来越大，松开拉动的活塞，应被吸进汽缸，这说明活塞与汽缸间隙配合得当。装配时应注意，活塞端面不能碰到低压阀片。

4. 油路故障的修理

发生油路故障可将转子从轴上卸下来，清洗油路脏物即可。组装时应使转子上的平衡块在曲轴原来位置。转子的轴窜动量为 0.3mm。

5. 其他机械故障修理

高压输出管断裂，可更换或焊接好。减震弹簧断裂、变形，可更换同一型号弹簧。对弹簧脱落，应找出原因，将其复位固定。

6. 压缩机绕组的修理与组装

电冰箱压缩机一般都是单相交流感应电动机，其绕组为同芯式，各槽匝数不同。为增大启动转矩，减小启动电流，启动绕组带有反绕组（重锤启动压缩机）。绕组损坏的，拆除原线匝，重新嵌线，嵌线方法同单相异步电动机。为防止槽绝缘窜动，槽绝缘伸出部分要双层，两端各伸出 4mm。压缩机的定子在机架下方（或上方），是用四个螺栓固定，应对角拧紧螺栓，并且不断转动转子。在定、转子之间插入塞尺检查其四周间隙是否均匀。将定子固定在机架上，俯视电动机，绕组引出线在定子下端，压缩机应顺时针方向转动，如果转向相反，可将启动绕组或运转绕组两头对调一下，可改变电动机转向。

（三）压缩机修后性能测试

开壳重修的压缩机必须满足下列测试才能使用。

### 1. 空载、负载试验

在接通电源之前，先测压缩机绝缘电阻，其阻值不得小于 2MΩ。在机壳内加入 250～350mL 冷冻油（机型不同，油量也不同），在压缩机转动时，油应从活塞、汽缸和转轴顶部孔中喷出来。如果油多了，则可看到油在机壳低部翻浪花（被转子带动造成的），油太少，则没有喷油现象（压缩机转向正确时）。空载电流应是满载电流的 80%左右，空载启动电流 5A 左右。在高压管口直接接上三通修理阀，上限为 4MPa 压力表，用三通阀门控制压力表指示。接通电源压缩机工作，将压力控制在 0.8～0.9MPa。满载电流在 0.9～1.2A 左右。切断电源，将电源电压调到 65V，压力调在 0.3～0.35MPa，将活塞全旋出来和全旋进去，再看一下压缩机在电压低时启动性能如何？如果在 1～3s 内正常启动，连续三次，则表明压缩机在电压低时能正常工作。如果启动器与压缩机匹配得当而不能正常启动，则是启动绕组中的反绕组有错，或因高压阀片密封不严，造成不能启动。应判断是哪种原因后再进行重修。

### 2. 气密性、密封性和排气量检测

将三通修理阀直接接在高压输出口上，加上 1.5MPa 压力，在密封垫、缸盖螺栓、排气管接头处滴上冷冻油，应无气泡出现，如果有则重做。如果没有气泡，则用手转动转轴，看转轴转动是否灵活。如灵活说明高压阀片密封性好，如转动不灵活，而压力表的压力下降很快，则是高压阀片密封性不好。通电后电机运转，关闭三通阀门，看压力表能否达到 3MPa，如果压力能达到并超过 3MPa，则表明压缩机排气量足够。如果低于 3MPa，则是活塞与汽缸间隙过大或高压阀片密封不好，造成排气不足。压缩机安装检测合格后，再试转听一下声音是否正常，如果一切正常便可焊外壳。焊好后，将压缩机充入 1MPa 压力气体，放在水中 5min 检测焊缝。压缩机加热烘干后，将管口封闭并将焊缝涂漆备用。注意在检测压缩机时，压缩机试转吸进去的是空气，因空气中有水分，所以测试时间要尽量短。

# 任务二　制冷系统检漏、清洗及抽真空

## 一、任务描述

对更换完压缩机的电冰箱制冷系统进行检漏、系统清洗及抽真空，保证系统的真空度，并进行保压，为制冷剂的充注做好准备。

## 二、任务分析

对电冰箱的制冷系统进行检漏、清洗及抽真空，首先要选择好适应系统的专用制冷工具，并正确使用工具按照实施步骤进行操作，在操作的同时注意操作注意事项，安全操作。

## 三、相关知识

（一）制冷系统检漏、清洗及抽真空工具的使用

### 1. 电子检漏仪

电子卤素检漏仪如图 2-8 所示，是一个精密的检漏仪器，主要用于精确检漏，灵敏度可达每年 14～1000g，但不能进行定量检测。

由于电子卤素检漏仪的灵敏度很高，所以不能在有烟雾污染的环境中使用。作精确检漏

时，须在空气新鲜的场合进行。检漏仪的灵敏度一般是可调的，由粗检到精检分为数挡。在有一定污染的环境中检漏，可选择适当的挡位进行。在使用中严防大量的制冷剂吸入检漏仪。过量的制冷剂会污染电极，会使检测灵敏度降低。

　　首先打开检漏仪电源开关，再将灵敏度开关打到高挡，检漏仪金属软管探头靠近被检部位慢慢移动，如遇到有渗漏出来的 R22 气体，仪器发出的嗒嗒声音将变成连续的啸叫声。同时红色发光二极管也更明亮。在渗漏微小的情况下移动探头，可以根据检漏仪声音的变化来确定漏点的具体位置。若遇到渗漏较大或周围环境空气中存在 R22 气体时，可将仪表灵敏度开关打到低挡，以排除环境干扰，准确地确定渗漏点的具体位置。在使用低挡时，遇漏的啸叫声

图 2-8　电子卤素检漏仪

频率可能比高挡时低些。检测过程中，探头与被测部位之间的距离应保持在 3～5mm。探头移动速度应低于 50mm/s。

### 2. 复式修理阀

　　复式修理阀是检测制冷系统压力、抽真空、冲灌制冷剂的专用工具，分单表修理阀和双表修理阀两种。

　　（1）单表修理阀：又称直通阀、二通截止阀，是最简单的修理阀，常在检测压力或抽真空填充制冷剂时使用。如图 2-9 所示。

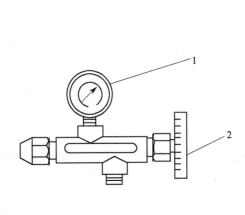

图 2-9　直通阀

1—压力表；2—阀开关

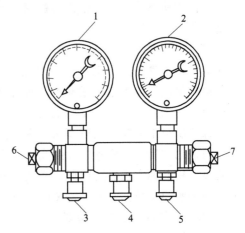

图 2-10　双表修理阀

1—压力表；2—真空表；3—制冷剂钢瓶接口；
4—压缩机接口；5—真空泵接口；6，7—阀开关

　　直通阀共有三个连接口：与阀门开关平行的连接口多与三通阀工艺口相接。与阀门开关垂直的两个连接口，一个常固定装上真空压力表，另外一个在抽真空时接真空泵的抽气口，充注制冷剂时接制冷剂钢瓶。直通阀的结构简单，使用不太方便。

　　（2）双表修理阀：由于直通阀在使用中受到限制，安装或维修中应用较多的是专用组合阀。如图 2-10 所示。这种阀门上装有两块表都是真空表，用来监测抽真空时的真空压力，（或同时检测高压压力与低压压力）；一块压力表；主要用于检测抽真空和低压压力，同时还用来监测充注制冷剂时的压力。另一块压力表；主要用于检测高压压力。组合阀上共有三个连接口分别与制冷剂钢瓶（中间接口）、空调室外机维修工艺口、真空泵相接。分别对两侧

的阀门打开或关闭，进行高、低压力检测或抽真空和进行充注制冷剂。这种阀门使检测压力、抽真空、充注制冷剂连续进行，使用起来比较方便。

### 3. 真空泵

真空泵主要用于制冷系统抽真空，其外形如图 2-11 所示。

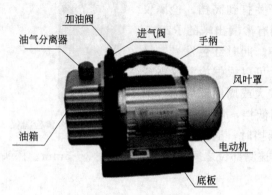

图 2-11　真空泵外形图

（二）制冷系统检漏

电冰箱、空调器的制冷系统部件是用管道串联成的一个全封闭系统。一旦焊接不良或制冷管道被腐蚀，或搬运、使用不当等都可能造成制冷系统中循环流动的制冷剂泄漏。

检查制冷系统是否存在泄漏，常见的有观察油渍检漏、卤素灯检漏、电子检漏仪检漏、肥皂水检漏和真空检漏等几种方法。

#### 1. 观察油渍检漏

制冷系统泄漏时，一定会伴有冷冻油渗出。利用这一特性，可用目测法观察整个制冷系统的外壁，特别是各焊口部位及蒸发器表面有无油渍存在。若怀疑泄漏处油渍不明显，可放上干净的白布，用手轻轻按压，若白布上有油渍，说明该处有泄漏。

#### 2. 电子卤素检漏仪检漏

电子卤素检漏仪是一个精密的检漏仪器，主要用于精检，灵敏度可达每年 14～1000g，但不能进行定量检测。

#### 3. 肥皂水检漏

肥皂水检漏就是用小毛刷蘸上事先准备好的肥皂水，涂于需要检查的部位，并仔细观察。如果被检测部位有泡沫或有不断增大的气泡，则说明此处有泄漏。

肥皂水的制备：可用 1/4 块肥皂切成薄片，浸在 500g 左右的热水中，不断搅拌使其溶化，冷却后肥皂水即凝结成稠厚状、浅黄色的溶液。若未制备好肥皂水而需要时，则可用小毛刷沾较多的水后，在肥皂上涂搅成泡沫状，待泡沫消失后再用。

在没有用其他方法进行检漏，或虽经卤素检漏仪等已检出有泄漏，但不能确定其具体部位时，使用肥皂水检漏，可获得良好的检测结果。所以，一般维修中常用肥皂水检漏。

#### 4. 制冷系统的高、低压检漏

制冷系统被压缩机和毛细管分成高压部分和低压部分。其中高压部分包括冷凝器和压缩机，低压部分包括蒸发器、毛细管和回气管。

（1）高压检漏　高压检漏如图 2-12 所示。从干燥过滤器与毛细管的连接处将管路分开，并将分开的两管各自封死。把回气管从压缩机上取下，并将压缩机上接回气管的管口堵死。这时可从工艺管上所接的三通检修阀上充注 1.0～1.2MPa 的氮气，对高压部分进行检漏。对电冰箱来说，若有外露焊头，还可以继续将主冷凝器、副冷凝器以及防露加热管各自分开进行检漏，以确定泄漏发生于哪一部分。再根据不同的情况，采取补焊、更换零件或各自加装部分冷凝器以及丢掉部分管道等办法加以解决。

（2）低压检漏　如图 2-13 所示，对于电冰箱来说，可从三通检修阀充入 0.4～0.8MPa 压力的氮气进行低压部分检漏。因蒸发器多为铝板吹胀式蒸发器，若试压时压力过高，则易造成蒸发器的胀裂损坏。而对双门电冰箱，因蒸发器无法卸下，故可采用开背修理方法或其他方法进行处理，直到无泄漏为止。

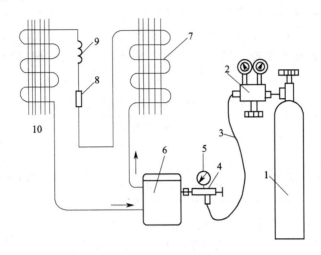

图 2-12　高压检漏示意图

1—氮气钢瓶；2—氮气减压调节阀；3—耐压连接胶管；

4　带压力表的二通修理阀，5　压力表，6　压缩机，

7—冷凝器；8—干燥过滤器；9—毛细管；10—蒸发器

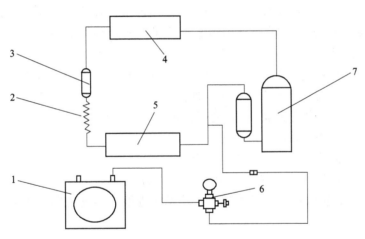

图 2-13　低压检漏示意图

1—真空泵；2—毛细管；3—干燥过滤器；

4—冷凝器；5—蒸发器；6—三通阀；7—压缩机

### 5. 制冷系统的真空检漏

检查制冷系统有无泄漏，也可采用真空试漏的方法。具体的操作方法是：在压缩机的工艺管上接上带真空的三通阀，三通修理阀接头的耐压胶管与真空泵连接。对制冷系统抽真空 1～2h 后，在真空泵的出气口接上胶管，将胶管口放入盛有水的容器中，边抽真空，边观察胶管口有无气体排出。若对制冷系统抽真空 1～2h 后仍有气体排出，则说明制冷系统有泄漏孔。也可以对制冷系统抽真空到制冷系统内的压力为 133.3Pa 时，关闭三通修理阀门，静置 12h 后，观察真空表上的压力值有无升高。若压力升高，则说明制冷系统有泄漏点存在。然后再用其他方法找到泄漏孔，进行补漏，直到排除泄漏。

（三）制冷系统清洗

压缩机故障使制冷系统造成污染，更换压缩机后需对制冷系统进行清洗，制冷系统污染程度不同，清洗方法也不同，故在清洗前应先进行污染程度鉴别，针对不同污染程度采用不同的清洗方法。制冷系统的污染可以从气味、颜色和酸性程度上来判断，其鉴别方法见表2-2。

表2-2　制冷系统污染程度鉴别方法

| | 气味鉴别 | 润滑油颜色鉴别 | 润滑油的酸性检测 |
|---|---|---|---|
| 严重污染 | 打开压缩机的工艺管时可以嗅到一股焦油味 | 倒出润滑油，其颜色变黑，且浑浊 | 用石蕊试纸浸入润滑油5min，试纸颜色变为红色或暗红色 |
| 轻度污染 | 打开压缩机的工艺管时，一般无焦油味 | 倒出润滑油，其颜色无明显变化 | 用石蕊试纸浸入润滑油5min，试纸颜色变为柠檬黄色 |

1. 受到严重污染的制冷系统的清洗方法

首先将压缩机和干燥过滤器从系统中拆下。对于蒸发器易于卸下和移出的系统，可将毛细管从蒸发器上拆下，以耐压软管代替毛细管，将蒸发器和冷凝器连接起来，而对于蒸发器无法拆卸或不便卸下的制冷系统，可以采取对冷凝器和蒸发器分别清洗的方法进行，由于毛细管的流阻很大，流量很小，不易将污物洗净，因此，需要采用液、气交替清洗的方法进行。

（1）开放漏斗截止阀，从漏斗注入200mL左右的R113，将截止阀关闭。

（2）开放制冷剂气瓶，依靠制冷剂的饱和压力来将R113吹出并排入容器中。按以上的程序重复进行，直到喷出的R113达到洁净，无酸性反应为止。

一般的修理部无法使用R113，也不愿用掉过多的制冷剂，故通常用四氯化碳作为清洗剂，以代替R113。用氮气代替制冷剂来吹四氯化碳，这样清洗的效果也不错。只不过在清洗后，应让氮气把四氯化碳吹净，以防它残留在制冷系统中。

2. 受轻度污染的制冷系统的清洗方法

对于轻度污染的制冷系统，只需拆下压缩机和干燥过滤器，直接用制冷剂气体吹洗不少于30s；或者直接用氮气在0.8MPa压力下对管道吹洗2min。

不论采用什么方法清洗，应及时装上压缩机和更换干燥过滤器，并尽快地组装好、封焊好。

（四）制冷系统抽真空

电冰箱在充注制冷剂前，必须严格地进行抽真空处理。抽真空的目的有两个，一是排除制冷系统中的不凝性气体（如氮气、空气等）；二是排除制冷系统中的水分。

抽真空时由于压力降低使残留水分汽化，被真空泵抽出，从而可有效地避免冰堵的发生。

抽真空时间至少30min以上，当抽真空使系统达到真空度133Pa以下时，先关闭复合表高低压侧的直通阀开关，再切断真空泵的电源，接着打开制冷剂钢瓶上的阀门，然后缓缓打开复合表低压侧的直通阀开关，使制冷剂慢慢地进入系统，当压力表指针指在0.3MPa左右时，就关闭复合表低压侧直通阀开关，启动压缩机，让它运行一段时间后进行观察。

（1）回气管应有冰凉感，可出现凝露，不可出现结霜。

（2）压缩机排气管温度约比环境温度高55℃，冷凝器中部约为45℃，冷凝器尾端和过滤器应接近环境温度或略高。

（3）蒸发器应结霜均匀，箱内温度应达设定温度。

（4）冰箱运行稳定时低压表的压力为 0.05MPa。

在检修电冰箱、空调器制冷系统时，必然会有一定量的空气进入系统中，空气中含有一定量的水蒸气，这会对制冷系统造成膨胀阀冰堵、冷凝压力升高、系统零部件被腐蚀等影响。由此可见，对系统检修后，在未加入制冷剂前，对系统抽真空是十分重要的。而抽真空的彻底与否，将会影响系统正常运转。

1. 低压单侧抽真空法

（1）连接工具设施：用连接管将真空泵（维修中也可用压缩机代替）的吸气端与真空压力表的三通阀连通。

（2）开启三通阀，使制冷系统与连接管相通，逆时针转动三通阀的手柄。

（3）启动真空泵或"抽空打气两用泵"，把电源插头插入 220V 电源插座。

（4）观察压力表：当压力表示数为 －0.1MPa 时，酌情再抽数 10min，再顺时针转动三通阀手柄，关闭三通阀，逆时针旋松连接螺帽，然后断开真空泵或"抽空打气两用泵"的电源。

低压单侧抽真空是利用压缩机壳上的工艺管进行的，工艺简单、焊接口少，但高压侧的空气和水分，要通过毛细管、蒸发器、低压回气管、压缩机，由真空泵抽出。由于毛细管的内径小，流阻很大，当低压侧真空度达 133Pa 时，高压侧仍在 1000Pa 左右，整体真空度不易达到要求。不过，可通过二次抽真空弥补。

低压单侧抽真空操作简便，焊接点少，减少泄漏孔。缺点是制冷系统的高压侧中的空气须经过毛细管抽出，由于毛细管的流阻很大，当低压侧中的残留空气的绝对压力已达到 133Pa 以下时，高压侧残留空气绝对压力仍会在 1000Pa 以上。虽然反复多次使制冷系统内的残留空气减少，却很难使制冷系统的真空度达到低于 133Pa 的要求。如图 2-14 所示。

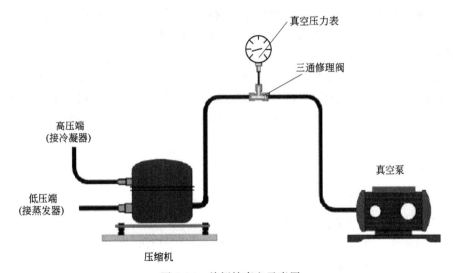

图 2-14　单侧抽真空示意图

2. 高、低压双侧抽真空

高、低压双侧抽真空，能使制冷系统内的绝对压力在 133Pa 以下。这对提高制冷系统的制冷性能有利，故近年来被广泛采用。高、低压双侧抽真空方法示意图如图 2-15 所示。高、低压双侧抽真空是在干燥过滤器的进口处加一工艺管，与压缩机上的工艺管用二台真空泵或并联在一台真空泵上同时进行抽真空。这种抽真空的方法克服了毛细管的流阻对高压侧真空度的不利影响，能使制冷系统在较短的时间内获得较高的真空度。但要增加一个焊接点，操作工艺较为复杂。

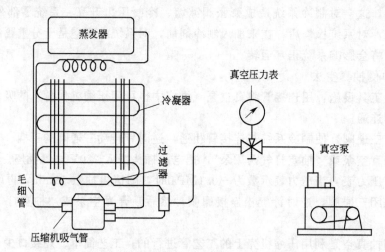

图 2-15　高、低压双侧抽真空方法示意图

### 3. 二次抽真空

二次抽真空的工作原理是先将制冷系统抽空到一定的真空度后，充入制冷剂，使系统内的压力恢复到大气压力或更高一些。这时，启动压缩机，使制冷系统内的气体成为制冷剂蒸气与残存空气的混合气。停机后，第二次再抽真空至一定的真空度，系统内此时残留的气体为混合气体，其中绝大部分为制冷剂蒸气，残留空气所占比例很小，从而达到残留空气减少的目的。但是，二次抽真空的方法会增加制冷剂的消耗。

在修理电冰箱时，如果现场没有真空泵，则可利用多次充、放制冷剂的方法来驱除制冷系统中的残留空气。一般充、放 3~4 次，即可使系统内的真空度达到要求，但要多消耗制冷剂。对于空调器，由于充注的制冷剂较多，所以一般不采用此种方法。

在抽真空时还应合理地选用连接工艺管与三通检修阀之间的连接管的管径。若管径选得过小，则流阻太大，从而使制冷系统的实际真空度同气压表上所指的真空度相差较大。若管径选得过大，则最后封口时就比较困难，通常选用 $\phi 4 \sim \phi 6 \mathrm{mm}$ 的无氧铜管作为连接管比较合适。

## 四、任务实施

### （一）工具和设备的准备

1. 电冰箱或空调冰箱组装与调试实训考核装置。

2. 电子检漏仪、氮气瓶（含氮气）、真空泵、复式修理阀、压力真空表、连接软管。

3. 白纸、洗洁精或肥皂水。

### （二）任务实施步骤

1. 电冰箱制冷系统检漏

根据判断选择一种或多种检漏方法对系统进行检漏。

2. 电冰箱制冷系统清洗

判断制冷系统污染程度，选择清洗方法，对制冷系统进行清洗。

3. 电冰箱制冷系统抽真空

根据判断选择抽真空方法对系统进行抽真空，抽完后对系统进行 24h 保压。

（三）任务实施注意事项

1. 实训中相关工具、检测仪表的使用应严格遵守其安全操作规程。

2. 电冰箱制冷系统检漏操作注意事项。

（1）忌用压缩机或其他设备直接向制冷系统中充入空气进行加压检漏。

（2）检漏应在系统内压力平衡后进行。

（3）电冰箱制冷系统的泄漏点有时比较小，一定要观察仔细，对有可能泄漏的部位应耐心反复地检查。

（4）系统与修理阀的连接一定要密封，以避免因连接处漏气造成误判断。

（5）在找到漏点后，一定要先用干毛巾擦去洗洁精或肥皂水，以免水分进入系统造成冰堵，然后放出制冷系统中的氮气。

（6）真空检漏时，只能观察压力真空表的指针变化，不得用涂抹洗洁精或肥皂水的方法查找漏点，防止水分进入系统造成冰堵。

3. 电冰箱制冷系统清洗操作注意事项

最后一次氮气吹洗时应将清洗剂吹洗干净。

4. 电冰箱制冷系统抽真空操作注意事项

（1）真空泵在使用过程中应注意其油位，不得低于指示油位，真空泵应使用专用真空泵油。

（2）抽真空前，制冷系统内压力一定要与大气平衡，以免系统压力过高，造成真空泵喷油。

（3）各连接处要检查拧紧，以免发生串气现象，影响抽真空质量。

（4）抽真空结束时，应先关闭修理阀，再关真空泵，以防止空气回流。

## 五、知识拓展

### 最新制冷系统检漏方案——氮氢检漏

氢气检漏法是一种新型的低成本检漏技术。

（一）氢气检漏法的基本原理

1. 氢气检漏法的基本原理

氢气检漏法是一种用 5％的氢气和 95％的氮气的混合气作为示踪气体进行检漏，称作氢氮混合气检漏法，或氢气检漏法。5％氢气与 95％氮气的混合气体是不可燃的（ISO10156 国际标准），无毒性和腐蚀性，也不会对设备和环境产生不利影响。氢气作为检漏使用的示踪元素，有着很多独一无二的优点。

氢的分子量与氦气相近，是所有化学元素中，分子量最小、最轻的元素，有很好的扩散性，逃逸性很强，吸附及黏滞性很低。由于氢分子移动速度要高于其他分子，因此使用安全的低浓度氢气作为示踪气体，可以有着更快的响应速度和更好的检漏精度。基本工作原理是使用专门开发的氢气传感器，它只对氢气有响应信号，而对其他气体没有响应，属于唯一性检漏性检漏方法。一旦出现信号响应，说明有氢气通过漏孔进入被检件中，从而指示漏孔的位置与大小。同时由于氢气在一般环境中的含量浓度都非常低，所以不会因本底污染而导致误报警。

2. 氢气检漏法主要设备

（1）检漏仪：采用上述工作原理制造的专用氢气检漏仪，由于氢气的上述性质，其灵敏度可以达到与氦检相同水平。

（2）示踪气体充注控制器：对于批量生产的用户，最好采用示踪气体充注控制器进行抽真空/充气/排气操作，可以完成对检测管道的充气和排气过程自动化控制。

（二）氢气检漏法的优势

制冷、空调行业检漏技术的现状：在产品部件生产过程中，目前常使用氦检漏技术来查找微小的泄漏，而保压测试和水浴法常被用来检测较大的泄漏。产品装配完成并充入制冷剂之后，可能在出厂前还会使用卤素检漏仪对整个产品再进行一次检漏。由于保压测试和水浴法最高只能检出 $10^{-3}$ mbar/s 左右的泄漏，因此长期以来，氦检漏技术是制冷、空调行业中唯一的检小漏的手段，吸枪式氦检漏技术一般可以检出 $10^{-7}$ mbar/s 左右的泄漏。但是，以氦气作为示漏气体，也有一些不足之处，例如，橡胶、塑料等有机材料常常会吸收氦气，然后还会在吸收后慢慢地释放出来；所有的氦气检漏仪器机构的离子收集板，对氦气都会产生记忆效应，即氦离子打到离子收集板上，并储存一定时间，然后再慢慢释放出来，从而造成本底的噪声等问题。

无论是在漏点定位还是在泄漏测试应用，这种检漏方法已经在各个行业领域内得到了广泛使用。与氦气相比，使用低密度的安全氢气作为检漏用的示踪气体具有很多优势。其价格非常低廉，很容易在各个气体供应商处购得。现今的氢氮混合气检漏技术可以检出低至 $5 \times 10^{-7}$ mbar/s 的泄漏，相当于 0.1g/y。其气体使用成本仅是氦气的 1/10 到 1/20，同时氦气检漏法要增加一些辅助设备，如氦气回收系统等。

（三）氢气检漏法在制冷、空调的应用和展望

今天，在世界各地许多制冷、空调客户正在使用各种不同型号的氢气检漏仪。基于其在处理环境中背景氢气浓度方面所拥有的独特技术，氢气检漏仪具有非常可靠的敏感度和测量指示。氢气检漏仪可以带来传统检漏无法满足的更灵活的检漏解决方案。例如：客户可以先使用压降法检查是否存在泄漏，之后再使用氢气检漏仪查找出泄漏位置。客户也可以直接使用氢气检漏仪进行高灵敏的检漏以避免温度变化带来的对压降法检漏的影响。现代的检漏方法如果被测工件不适合与水接触，或者检测环境中存在温度的影响，或者被测工件是弹性体而导致无法使用水泡法和压降法检测时，采用氢气检漏法是一种性价比较高的选择。

在各种检漏应用场合中，氢气检漏法的出现带来了更大的性能和效率的改善提高机会。氢氮混合气检漏法已在国内外广泛应用于制冷、空调、汽车零部件、发动机、变速箱、减速机、阀门、药品包装、飞机油箱油路及其他密封件或管路检漏。氢气检漏法检测灵敏度高，节约成本，操作简便，将是以后检漏技术的发展趋势。

# 任务三　制冷系统充注制冷剂、封焊工艺管

## 一、任务描述

对更换完压缩机的电冰箱制冷系统进行检漏、系统清洗及抽真空保压后，为制冷系统充注制冷剂、封焊工艺管，完成压缩机拆装。

## 二、任务分析

在制冷系统抽真空保压后，制冷系统没有漏点，即可对系统进行制冷剂的充注，充注前需选用适合系统的制冷剂种类，准确充注制冷剂并判断制冷剂充注量是否准确。制冷剂充注完成后，马上封焊工艺管，完成电冰箱压缩机的拆装。

## 三、相关知识

（一）制冷系统充注制冷剂、封焊工艺管工具的使用

1. 定量充灌器

定量充灌器又称计量加液器，他是制冷系统充注制冷剂并能准确控制加液量的专用工具，其外形结构如图 2-16 所示。在充注制冷剂时，先按照压力表值和制冷剂的种类将对应的刻度线调节到液量观察管的位置，然后通过三通换向阀和加液管向制冷系统充注制冷剂。

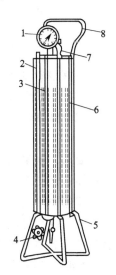

图 2-16　定量充灌器外形结构图

1—压力表；2—筒体；3—液量观察管；4—下阀；
5—底架；6—刻度转筒；7—上阀；8—提手

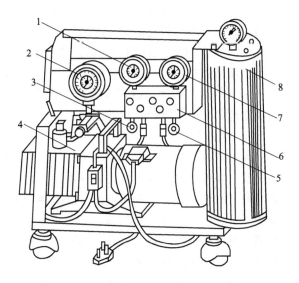

图 2-17　抽真空充灌器外形结构图

1—低压压力表；2—真空表；3，5—接口；4—真空泵；
6—组合阀；7—高压压力表；8—定量充灌器

2. 抽真空充灌器

抽真空充灌器是一种检漏、抽真空和充注制冷剂的专用组合设备，其外形如图 2-17 所示，主要由真空泵、定量充灌器、高压压力表、低压压力表和组合阀等组成，他只要通过连接管就能完成包括检漏、抽真空和充注制冷剂的工作。

3. 封口钳

在电冰箱制冷系统维修中封闭压缩机的工艺管通常使用封口钳，常用封口钳如图 2-18 所示。

使用方法：根据铜管管壁厚度，调节钳口间隙调整螺钉，使钳口间隙略小于两倍管壁厚度，然后用气焊加热铜管需封口处，加热至暗红色时打开封口钳，将钳口对准要封闭的部位，用手捏紧封口钳的两个手柄，将铜管夹扁并封闭。

在有压力的管道，例如冰箱等制冷系统充注制冷剂后，进行封口时在管道上钳上两次。

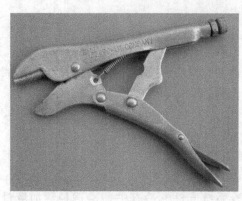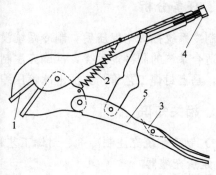

图 2-18　封口钳的结构

1—钳口；2—钳口开启弹簧；3—钳口开启手柄；4—钳口调整螺钉；5—钳口手柄

先在距离割断位置 20～30mm 处钳上一道，松开钳子，再在距离割断位置 50～60mm 处钳上，这时封口钳不要松开，把管道割断，钳扁，试漏后焊死，最后才松开，取下封口钳。如有泄漏是绝不能进行焊接的。

（二）制冷系统充注制冷剂的方法

电冰箱和空调器在抽真空结束后，都应尽快地充注制冷剂。最好控制在抽真空结束之后的 10min 内进行，这样就可以防止三通检修阀阀门漏气而影响制冷系统的真空度。准确地充注制冷剂和判断制冷剂充注量是否准确的方法有定量充注法和综合观察法。

1. 充注要求

无论电冰箱或空调器，制冷剂的注入量都应满足其铭牌上的要求。如果制冷剂充注量过多，就会导致蒸发器温度增高，冷凝压力增高，使功率增大，压缩机运转率提高；还可能出现冷凝器积液过多，自动停机时，液态制冷剂在冷凝器末端和过滤器中的蒸发吸热，造成热能损耗。这些因素将使电冰箱或空调器性能下降，耗电量增加。若制冷剂充注量过小，则会造成蒸发器末端的过热度提高，甚至蒸发器上结霜不满，也会使空调器的运转率提高，耗电量增大。制冷剂的充注量与制冷量有着密切的关系。因此，制冷剂的充注量一定要力求准确、误差不能超过规定充注量的 5%。

2. 定量

对于小型制冷空调装置，可按照铭牌上给定的制冷剂充灌量加充制冷剂。定量充注法主要是采用定量充注器或抽空充注机向制冷装置定量加充制冷剂。

小型制冷空调装置利用定量充注器充注制冷剂时，只需在制冷装置抽好真空后关闭三通阀，停止真空泵，将与真空泵相接的耐压胶管的接头拆下，装在定量充注器的出液阀上；或者可拆下与三通阀相接的耐压胶管的接头，将连接定量充注器的耐压胶管接到阀的接头上。打开出液阀将胶管中的空气排出，然后拧紧胶管的接头，检查是否泄漏。

充注制冷剂时，首先观察充注器上压力表的读数，转动刻度套筒，在套筒上找到与压力表相对应的定量加液线，记下玻璃管内制冷剂的最初液面刻度。然后打开三通阀，制冷剂通过胶管进入制冷系统中，玻璃管内制冷剂液面开始下降。当达到规定的充灌量时，关闭充注器上的出液阀和三通阀，充注工作结束。采用抽真空充注机充注制冷剂时，只需在抽真空结束后，关闭抽真空充注机上的抽真空截止阀，打开充液截止阀，即可向制冷系统充注制冷剂。

### 3. 称量充注法

称量充注法操作简单有效，使用广泛，见图 2-19。

将装有制冷剂的小钢瓶放在电子秤或小台秤上，将耐压胶管一端接在三通阀上，另一端接在钢瓶的出气阀上；打开出气阀将耐压胶管中的空气排出，拧紧接头以防止泄漏。然后，称出小钢瓶的重量。打开三通阀向制冷系统充加制冷剂。

在充注制冷剂的过程中，应注意观察电子秤的读数值变化，当达到相应的充灌量时，关闭三通阀和小钢瓶上的出气阀，充注工作便结束。

### 4. 控制低压压力充注法

该方法所需设备简单、方便，在实践中应用极广，其步骤如下。

（1）连接工具设施：用充氟管将真空压力表的三通真空压力表与制冷剂钢瓶或听装瓶接头相连，并排除管道内空气。排空气的方法：将螺母

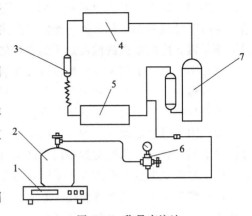

图 2-19　称量充注法

1—电子秤；2—制冷剂钢瓶；3—干燥过滤器；
4—冷凝器；5—蒸发器；6—三通阀；7—压缩机

1 处旋紧，螺母 2 处不旋紧，开启制冷剂钢瓶或听装瓶阀门，放出制冷剂，将空气从螺母 2 处排出，然后旋紧。

（2）充注制冷剂：将真空压力表的三通阀开启，让制冷剂进入制冷系统（要缓缓加入，边加边看制冷效果）。经数秒钟，关闭三通阀或制冷剂瓶阀，停止充注，查看表压；当表压在 0.1～0.3MPa 时，启动压缩机，听蒸发器有无流水声（制冷剂膨胀声），若无，则毛细管处堵塞，须排除故障再充；若有，则正常，可打开阀门，继续充注。

（3）观察：看表压、摸冷凝器的温度、听蒸发器的声音、感受制冷效果。低压部分（即表压）在 0.1MPa 左右；制冷效果好；蒸发器有连续均匀的流水声；压缩机吸气管冷且潮湿带露，且能稳定 1h 以上，则充注成功。

### 5. 综合观察法

在维修中常采用综合观察法。它是在没有制冷剂定量的情况下，充注一定量的制冷剂后，结合观察三通修理阀上气压表指示的压力值，以及电冰箱的工作电流和电冰箱的结霜情况来判定制冷剂充注量是否适量。

由于一般修理部使用的都是钳形电流表，且量程较大，而电冰箱的空载电流与额定工作电流相差不大。因此，观察其电流时不易看出变化。一般只要不超过额定工作电流即视为正常，进而观察其他项目的情况。

制冷系统低压压力的高低由制冷剂充注量的多少来决定。制冷剂充注量多，低压压力就高，蒸发温度就高。制冷剂充注量少，低压压力就低，蒸发温度就低。而低压压力的高低还要受环境温度变化的影响。夏天气温高，低压压力一般可控制在 0.05～0.07MPa；冬天气温低，低压压力可控制在 0.02～0.04MPa；春、秋天气温适中，低压压力一般控制在 0.03～0.05MPa。

控制低压压力虽然能判别制冷系统制冷剂充注的多少，但由于影响制冷系统低压压力的因素较多，制冷剂充注量的误差也较大，因而还应通过观察制冷系统主要部件的温度及其变化，才能确定制冷剂充注量的准确性。

（1）观察电冰箱上、下蒸发器的结霜情况　制冷剂充注量准确时，上、下蒸发器表面结霜均匀，霜薄而光滑，用湿手接触蒸发器表面有粘手感。若制冷剂充注量不足时，则蒸发器上结霜不匀，甚至只有部分结霜。对于制冷剂先进入下蒸发器然后到上蒸发器循环的电冰箱，会出现冷藏室温度低，而冷冻室温度降不下来的现象。若制冷剂充注量过多时，则蒸发器上结浮霜，冷冻室内的温度达不到设计的温度要求。

（2）摸冷凝器上的温度　制冷剂充注量准确，冷凝器上部管道发热烫手，整个冷凝器从上到下散热均匀。若充注量过多，则冷凝器上的大部分管道发烫。若充注量不足，则冷凝器管道上部只有温热，而下部管道不发热。

（3）摸干燥过滤器和毛细管上的温度　制冷剂充注量准确，干燥过滤器有热感。若干燥过滤器上温度较高，则说明制冷剂充注量过多。若干燥过滤器上不热，说明充注量不足。毛细管进口处管道上的温度应高于干燥过滤器上的温度。

（4）摸低压回气管上的温度　制冷剂经毛细管节流，在蒸发器内进行蒸发，吸收汽化潜热变为饱和蒸气。饱和蒸气流经回气管。继续向回气管吸热，变为过热蒸气回到压缩机。制冷剂充注量准确时，回气管上有凉感；若回气管上没有凉感，则为制冷剂充注量不足；若回气管上结霜，则说明制冷剂充注量过多。

（三）封口

封口是电冰箱、空调器制冷系统维修的最后一步。封口时，只需卸下阀口连接螺母，再用封口螺母将其堵上，保证此处不泄漏。

1. 封口的要求

电冰箱没有检修口，是全封闭的。检修阀通过连接管道焊接在压缩机工艺管上或者焊接在低压管道上。既要取下三通阀和连接铜管，又必须保证制冷系统不会发生泄漏，这就是对封口的基本要求。

2. 封口的方法

（1）让电冰箱正常工作，在离压缩机工艺管或与低压管道焊接处 15～20mm 远的三通阀连接铜管口处，用气焊将其烧得暗红，并立即用封口钳将连接铜管夹扁。为了保证不泄漏，可相距 1cm 处再夹扁一次，可夹 2～3 次。

（2）在距离最外一个夹扁处 30～50mm 的地方，用钢丝钳将连接铜管切断，取下三通阀和剩余的连接铜管。

（3）用气焊将留在电冰箱或空调器上的连接管道端部焊死。可用气焊将连接铜管烧化后自熔堵死，也可用银焊将端头封死。然后将其浸入水中检查是否封堵良好，以保证不发生泄漏。

（4）将残留端整形。

## 四、任务实施

（一）工具和设备的准备

1. 电冰箱或空调冰箱组装与调试实训考核装置。

2. 气焊设备、连接软管、封口钳、定量充灌器或真空充灌器、制冷剂钢瓶（含制冷剂）、截止阀等。

（二）任务实施步骤

1. 电冰箱制冷系统充注制冷剂。

2. 电冰箱制冷系统封焊工艺管。

（三）任务实施注意事项

1. 实训中相关工具、检测仪表的使用应严格遵守其安全操作规程。

2. 电冰箱制冷系统充注制冷剂操作注意事项。

（1）向制冷系统充注制冷剂前应先用制冷剂将充制冷剂软管中的空气排尽。

（2）采用控制低压压力法和综合判断法充注制冷剂时，初始充注时不要太多，以免向大气排放污染环境；制冷剂充注调节时，应耐心仔细，每次充注量不宜过多，同时应注意观察压力及运行电流的变化。

（3）压缩机工艺管的封口应在压缩机运行时进行。

## 五、知识拓展

### 怎样向电冰箱压缩机内充灌冷冻机油

向电冰箱压缩机内充灌冷冻机油，分几种情况，要区别对待。一种是压缩机经剖壳修理后，在封壳前充灌冷冻机油。这很简单，直接将定量冷冻机油加入即可，油面一般距定子绕组 5～6mm。

一种是封壳后，压缩机尚未焊接在系统中，需添加冷冻机油。遇此情况，先将冷冻机油倒入一清洁、干燥的油桶中，油桶位置高于压缩机低压吸气管位置。找一根洁净的塑料软管，将软管内充满冷冻机油后套在低压吸气管上，并将此油管插入油桶中，冷冻机油即进入压缩机。

也可以启动运转压缩机，将冷冻机油吸入壳体内。此时，油桶位置可不必高于吸气管。但要注意，压缩机运转时，高压管会喷出油雾，因此，要将高压管用塑料管封住。

另一种是压缩机连接在制冷系统中，需补充冷冻机油。此时应割开工艺管，取一支医用注射器，不用针头，装满油后，注入工艺管。

不管采用哪种形式充灌冷冻机油，压缩机必须垂直放置，不得倾斜。冷冻机油一定要洁净，不含杂质及水分。如有条件，最好将油放入烘箱中，温度高于 80℃，加温 4h 以上，彻底排除水分。

## 学习情境三

# 家用电冰箱故障判断与维修

**【情境导学】**

由于电冰箱在家庭中的应用越来越广泛，维修工作量也日益增多。电冰箱的维修包括电冰箱常见故障的分析与排除，电气控制系统的维修操作、制冷系统的维修操作及各种部件的更换等。而电冰箱出现故障有多种情况，这就要求维修电冰箱时掌握故障分析及排除的一般方法，并辅之相应的维修方法，才能保证质量，提高维修效率。

**【知识目标】**

1. 掌握电冰箱控制电路连接及检测。
2. 掌握电冰箱电气控制系统常见故障分析及排除方法。
3. 掌握电冰箱制冷系统常见故障分析判断方法，并了解维修技术。

**【能力目标】**

1. 能正确连接电冰箱的控制电路。
2. 能正确判断电冰箱的常见故障。
3. 能够排除电冰箱的常见故障。

## 任务一　电冰箱控制电路连接及检测

### 一、任务描述

根据图 3-1，对电冰箱的控制电路进行连接，连接后运行电冰箱，检测其性能是否正常。

### 二、任务分析

要想对电冰箱的控制电路进行连接，首先要读懂控制电路图，熟悉电路各元器件的名称、结构及作用，连接后对冰箱进行性能测试，检验控制电路连接的正确性。

### 三、相关知识

电冰箱的电气控制系统组成：电冰箱的温度自动控制系统、除霜控制系统、压缩机启动与过电流保护和过热保护系统、照明电路等，其电气系统如图 3-2 所示。

（一）电冰箱控制系统中的主要电器元件

电冰箱的常用电器元件一般有温控器、启动继电器、过载保护器、启动电容器等。正确认识以上电器元件，了解其结构，掌握其工作原理，是维修电路过程中不可少的知识。

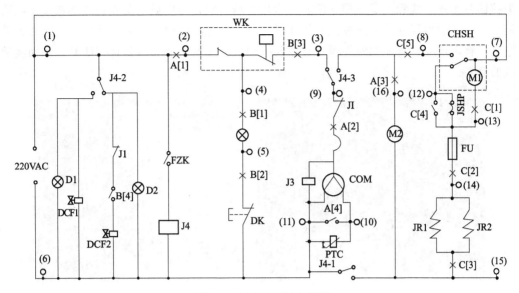

图 3-1　电冰箱控制电路图

注：小括号内的数字表示检测点的编号，大写英文字母加中括号内数字表示故障设置开关的编号，"×"表示故障设置开关，"♀"表示测试点。

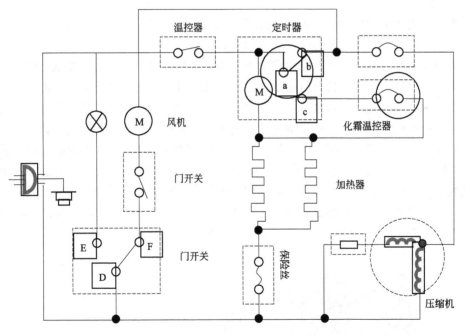

图 3-2　电冰箱的电气系统图

## 1. 温控器

电冰箱中常用的温度控制器为温感压力式温度控制器，感温管安装在蒸发器的出口处。一般而言，如果冷藏室的温度低于 0℃ 压缩机仍不停，或高于 10℃ 压缩机仍不启动，说明温度控制器出了故障。其外形图见图 3-3。

温控器主要由感温元件和开关触点两部分组成，感温元件有压力式和热敏电阻两种，因此温控器分为压力式和电子温控式两种。常用为压力式，用户通过温度调节旋钮实现电冰箱的温度调节。温控器的接点接在压缩机保护电路中，感温管中充有氟里昂气体，感温管装在箱壁上，将温度变化传递到温控器中产生相应的压力来控制节点的闭合与断开，从而实现压缩机的启停。

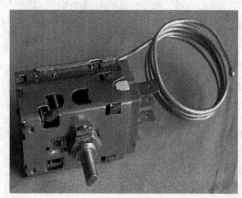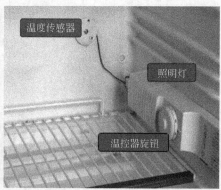

图 3-3　温控器的实际外形图

温控器安装在小盒中，它的感温管（温度传感器）紧贴后箱壁，由于后箱壁的后面板上安装有副蒸发器，因此它检测的就是副蒸发器的温度。

2. 启动继电器

单相异步电动机的启动，必须依靠外接启动元件来完成，一般由继电器或电容器来承担启动。用于电冰箱专用的电流继电器称为启动继电器。

启动继电器的作用是：当电动机启动时，使启动绕组接通电源，随即电动机转子加速旋转。当只靠运行绕组即可维持运行速度时，运行电流减小，并及时切断启动电路。所以，启动时，如不在启动绕组中通入电流，电动机就无法启动旋转，运转后若不能及时切断启动电流，则启动绕组就会被烧毁。启动继电器一般采用重锤式启动器和 PTC 启动器。

（1）重锤式启动器　如图 3-4 所示，重锤式启动器的结构主要包括励磁线圈、重锤（衔铁）、弹簧、动触点、静触点、T 形架、外壳等。当电动机未启动时，由于重力作用，重锤式衔铁处于断开位置，启动时，通过启动器线圈的电流较高，线圈励磁将衔铁吸合，启动绕组接通，电机启动。当电机转速达到额定转速的 75%～80% 时，电流下降，线圈失磁，衔铁因自重而落下，断开启动绕组，压缩机运转，绕组正常工作。

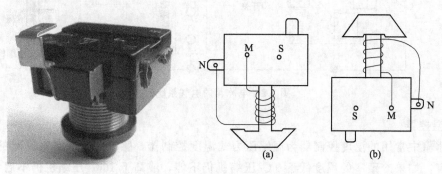

图 3-4　重锤式启动器外形图

（2）PTC 启动器　由于 PTC 启动器在常温下电阻值较小，只有 15～40Ω。当接通电源时，启动绕组和运转绕组同时接通，压缩机启动工作。同时由于启动电流极大使 PTC 元件的温度迅速上升，电阻值急剧增大到原来的几千倍，电流急剧减小，几乎无电流从启动绕组中流过，可视为开路。运转绕组继续运行。而 PTC 元件中有极小电流维持高阻状态。完成启动过程。PTC 启动器外形图见图 3-5。

　　PTC 启动器具有无运动部件、无噪声、无触点、无火花、无干扰、体积小、重量轻，可靠性高、寿命长、对电压波动适应性强等特点，它的启动特性取决于其自身的温度变化。因此再次启动需要间隔 5min 以上。

图 3-5　PTC 启动器的
实际外形图

　　**3. 过载保护器**

　　过载保护器是用来防止压缩机过载和过热烧毁电动机而设置的。压缩机一般采用碟形保护器。

　　过载保护器是过电流和过热保护器的统称，是压缩机电动机的安全保护装置。当压缩机负荷过大或发生某些故障，或电源电压过低过高而不能正常启动时，都会引起电动机电流增大。如果电流超出允许范围，过电流保护器电热丝升温，烧烤碟形双金属片，使它反方向变形，触点离开，从而断开电源，保护电动机不致烧毁。当制冷系统发生制冷剂泄漏时，压缩机不能立即停车，这时电动机的电流要比正常运行时低（过电流保护不起作用），但由于回气冷却作用减弱，再加连续运行，电动机温度反而增高，当电动机温度超过允许范围，过载保护器即切断电源，使电动机绕组不致烧毁。

　　**4. 启动电容器**

　　启动电容器一般和启动继电器并联，它可以利用分相原理使电冰箱具备瞬间启动功能。由于电冰箱所用压缩机种类繁多，而且同一电冰箱选用压缩机型号也不尽相同，更换压缩机时应尽量更换相同型号的，另外，不同压缩机间的附件匹配也不尽相同，因此一定要按技术要求来配套使用，购买备件时也应注明其具体型号。

　　**（二）电冰箱常见控制电路**

　　**1. 双门直冷式电冰箱电路**

　　双门直冷式电冰箱电路：双门直冷式电冰箱控制电路与单门直冷式电冰箱的控制电路大致相同，如图 3-6 所示。

　　（1）控制电路的两个特点：一是使用了定温复位型温控器，二是设置了化霜和温度补偿电路。

　　（2）化霜和温度补偿电路：$H_1$ 是管道加热器，装在冷冻室蒸发器和冷藏室蒸发器连接处，其目的是防止管道冷冻；$H_2$ 是化霜加热器，装在冷藏室的蒸发器上，给蒸发器除霜；$H_3$ 是温度补偿加热器，也装在冷藏室的蒸发器上，其目的是在冬季室外温度始终低于室内温度时打开温度补偿开关对冷藏室进行加热，它产生的热量对冷藏室的温度进行补偿，从而使得在冬季温控器的触点能够顺利闭合，而在夏季要断开此开关。

　　（3）化霜和温度补偿电路工作原理：化霜和温度补偿电路与温控器的 L-C 段并联连接，当压缩机工作时，该电路相当于短路而不起任何作用。当温度控制器断开时，温控器一方面切断了压缩机交流 220V 供电，另一方面解除了对化霜和温度补偿电路的短路作用，$H_1$、$H_2$、$H_3$ 得电发热起温度补偿和化霜作用。而很小的电流对压缩机不起作用。所以压缩机不工作。

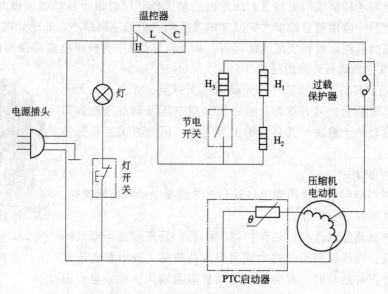

图 3-6  双门直冷式电冰箱控制电路

**2. 间冷式电冰箱电路**

（1）控制电路  如图 3-7 所示，双门间冷式电冰箱的控制电路增加了冷风循环电路（风扇控制）和全自动除霜电路（融霜加热器、融霜定时器以及温控器、限温熔断器等）。

启动与保护电路：主要包括压缩机电机、PTC 启动器、过载保护器构成。

温度控制电路：由温控器组成的对冷冻室进行控制。

全自动融霜控制电路：融霜定时器、融霜加热器和温度熔丝。

加热防冻电路：由排水加热器构成。

通风照明电路：由风扇电动机、照明灯和两个门开关所组成。

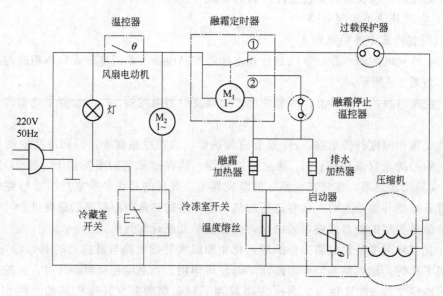

图 3-7  间冷式电冰箱控制电路

（2）制冷与化霜控制  电冰箱由融霜定时器来控制制冷或融霜。当冰箱内的温度高于设定温度时，温控器的触点开关闭合，融霜定时器的①触点接通，因此压缩机与保护电路电源接通，压缩机开始运转，电冰箱开始制冷；同时融霜定时器的定时电动机 $M_1$、融霜加热器、排水加热器和温度熔丝也接入电源，定时电动机 $M_1$ 与压缩机同步运行，同时记录压缩机运行的时间。但是由于定时电动机 $M_1$ 的内阻（大约为 $8000\Omega$）远远大于融霜加热器和排水加热器的并联电阻（大约为 $310\Omega$），这样就使得系统在制冷时加在两个加热器上的电压很小（大约为 $8V$），基本上不加热。在制冷的同时风扇电动机转动，强制冷风在冰箱内循环。

当制冷时间达到融霜定时器的预定时间时（一般为 $8\sim12h$），融霜定时器中的定时电动机 $M_1$ 开始转动，带动其内部的凸轮转动，使融霜定时器的开关触点由①接通变为②接通，压缩机和风扇电动机停止运行，此时系统由制冷状态转为融霜状态。由于融霜温控器阻值很小，定时电动机 $M_1$ 为短路状态而停止计时，此时融霜加热器和排水加热器通电加热，开始对蒸发器翅片表面进行融霜。

随着融霜的进行，蒸发器表面的温度因加热而升高。待融霜完毕时蒸发器表面的温度正好可使融霜温控器的触点断开，从而切断电路而中止融霜，此时定时电动机 $M_1$ 又重新接入电路而开始计时，大约在 $2min$ 内带动其内部的凸轮转动，使融霜定时器的开关触点由②接通变为①接通，使系统由融霜状态转为制冷状态。当蒸发器表面的温度降到 $-5℃$ 左右时，融霜温控器的触点闭合，为下一个融霜做好准备，当定时电动机 $M_1$ 计时到达后系统又由制冷状态转为融霜状态，这样就完成了一个融霜周期的自动控制，该控制电路就是这样一直往复不停地运行。

电路中接入温度熔丝的作用是为了确保在融霜温控器失灵的情况下防止因为加热器过热而使蒸发器盘管破裂；电路中加入排水加热器是为了保证融化的霜水顺利地流出冰箱，防止其在排水管中产生冰堵而妨碍排水。

（3）照明风扇电路控制　当冰箱的箱门关闭后，在制冷过程中风扇电动机支路才能接通运转，使箱内冷气开始强制对流。融霜时风扇电动机支路断电停止运转。

打开冷藏室门时一方面使风扇电机断电，另一方面接通照明灯电路，打开冷冻室门时只关闭风扇电机，而对照明灯电路没有任何影响。

该电路采用 PTC 启动继电器，故系统在制冷的过程中断电应在 5mm 后才可重新启动，防止压缩机的电动机产生过电流而被烧毁。

3．电冰箱控制电路实物连接图

其见图 3-8。

（三）电冰箱性能检测

电冰箱维修后应对电冰箱主要性能及安全性能进行检测。电冰箱性能检测包括制冷性能检测和安全性能的检测。检测环境应在电冰箱允许的范围内，温度符合气候条件类型；相对湿度为 $45\%\sim75\%$；空气速度不大于 $0.25m/s$；冷凝器距墙大于 $100mm$。

1．电冰箱的启动性能

一台完好的电冰箱，当压缩机的电源接通时应能启动。一般电冰箱要求在 $180\sim240V$ 供电电压范围内，在环境温度为 $32℃$ 的情况下，人为地开、停机 3 次，每次运行 $3min$，停机 $3min$，均应能顺利启动。

压缩机每次启动时间不应超过 $2s$，其工作电流在额定值之内。

2．电冰箱的制冷效果

电冰箱运转 $5min$ 后，压缩机和冷凝器应发热，吸气管发凉。当压缩机连续运行 $1\sim$

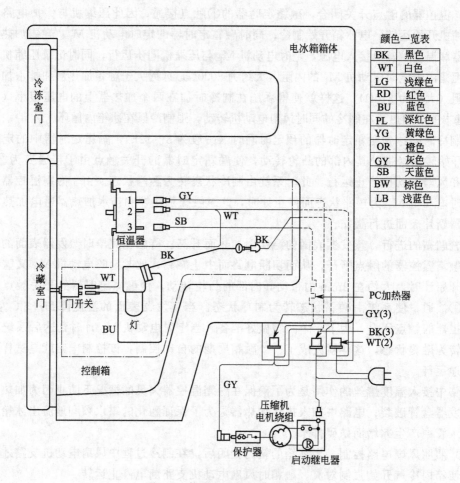

图 3-8　普通电冰箱的线路连接图

2h 后，压缩机外壳温度最高不超过 80℃。用手触摸外壳时，夏季应感到烫手，冬季较热。在电冰箱运转的情况下，若把耳朵靠近蒸发器，应能听到轻微的气流或水流似的声音。

电冰箱运转 30min 后，打开箱门观察，会发现蒸发器结有均匀的薄霜；用手指蘸水触摸蒸发器四周，手指应有被"粘"住的感觉。这说明电冰箱制冷性能良好。

3. 电冰箱的温度控制性能

环境温度在 15～43℃ 范围内，温控器调到"停"的位置，压缩机应能停止运转。

温控器调到"弱冷"的位置，压缩机应能启动运转。温控器调到"强冷"或"不停"的位置，压缩机应能运转不停。温控器调到中间位置，冰箱运行 1～2h 后，应能自动停机，并在停机一段时间后，又自动开机，即按一定的时间间隔开、停。此时，冰箱冷藏室的温度应不高于 5℃，冷冻室温度应达到其星级规定。一般来说，压缩机的启动次数每小时不应多于 6～9 次。

4. 电冰箱的化霜性能

在环境温度为（32±1）℃时，双门冰箱的冷冻室温度符合星级的规定。运行稳定后，在冷藏室放置盛有水的容器，待蒸发器表面结霜 3～6mm 厚时进行化霜。对于半自动化霜电冰箱，在正常运转的情况下，按下化霜按钮，压缩机应停止运转，开始化霜；化霜结束后，压缩机应能自动启动，蒸发器及排水管路中不应残留冰霜。无霜电冰箱应加入冷冻试验负荷（冷冻试验负荷在电冰箱国家标准中有详细说明。为方便起见，一般都用瘦牛肉代替。放置量可根据冷冻室的容积而定，每升约放 500g 瘦牛肉。放入前应将瘦牛肉冷却到规定星级的温度）进行结霜和化霜试验，测定化霜开始及结束时的冷冻负荷温度；化霜结束时，冷冻负荷温升不应高于 5℃。

5．电冰箱的运行噪声

压缩机运转的时候，电冰箱会微微颤动，并有运行噪声。压缩机的噪声不应高于 45dB，在安静的环境中，可以听到压缩机轻微的嗡嗡声。人在离冰箱 1m 处应不能听到压缩机的运行声音，手摸电冰箱箱体不能有明显的振动。

6．电冰箱的降温速度

在环境温度为（32±1）℃时，待箱内、外温度大致平衡后关上箱门（箱内不放食品）。压缩机连续运转，冷藏室的风门温控器调定在最大位置。当冷藏室温度降到 10℃，冷冻室温度降到 −5℃时，所用时间不应超过 2h。

7．电冰箱的照明灯

打开冷藏室箱门时，箱内照明灯亮；箱门关闭，照明灯应熄灭。

8．电冰箱的箱门紧闭状况

箱门磁性门条要有一定的磁力，开箱门时要施加一定的拉力才能拉开箱门；关箱门的时候，箱门靠近箱门框就会因磁性条的吸力而自动关闭。箱门关好后，应没有明显的缝隙。用一片宽 50mm、厚 0.08mm、长 200mm 的纸条垂直插入。

门封任何一处，不应自由滑落。门封四角的缝隙宽度不大于 0.5mm，缝隙长度不超过 12mm。

## 四、任务实施

（一）工具和设备的准备

1．电冰箱或空调冰箱组装与调试实训考核装置。

2．万用表、钳形电流表、交流调压器、常用电工工具、导线等。

（二）任务实施步骤

1．电冰箱电气原件的检查

（1）重锤式启动继电器或 PTC 启动继电器的检查。

（2）过载保护器的检测。

（3）温控器的检查。

（4）启动电容器的检查。

2．直冷式电冰箱控制电路的连接

（1）阅读电冰箱电路控制图。

（2）按照控制电路原理图依次将电冰箱电器元件连接好。

（3）检查电源。

（4）对照控制电路原理图复核接线情况，接线正确、无误后，进行开机调试。

（三）任务实施注意事项

1．必须正确使用测量仪表，避免出现不必要的误判。

2．检查过程中应注意用电安全，从电冰箱上拆除电气元件是一定要切断电源。

3. 测量电气原件的电阻或导通情况时，应排除相关的串联、并联元件的影响。应尽可能地将电器元件脱离电路进行测量。

4. 在进行电器元件拆装时要顺序进行，对拆下的各部分包括固定螺钉等要放置和保管好。

5. 拆装检查过程中，要避免因误操作使电器元件损坏，如温控器感温管、电气元件的引线等。

6. 检查后的电器元件安装到电冰箱上，应进行电路对机壳的绝缘检查，以防意外漏点。

7. 箱门与风机、灯的联动开关不要接反。

8. 检查完毕后试机时，用钳形电流表观测启动和工作电流应在正常值范围内。

### 五、知识拓展

#### 如何调节冰箱的温度控制器

冰箱的温度控制器可以用来调节冰箱内的制冷温度。温度控制器旋钮上的数字1、2、3、4等，只作温度调节的相对参考，并不代表冰箱内的实际温度，箱内的实际温度要用温度计来测量。

在环境温度不变的情况下，应如何调节冰箱的温度呢？

对于直冷式冰箱，温度控制器仅控制冷藏室的温度，冷冻室的温度则随冷藏室的温度而变，目的在于确保冷藏室温度不至于低于0℃，以免冻坏冷藏物品。应根据箱内储存的不同物品，调节箱内温度。当要求温度低时，可将旋钮盘面上较大的数字对准标记符号。当要求温度高时，用较小的数字对准标记符号。但须注意，冷藏室最低温度不得低于0℃。

对于无霜风冷式冰箱，一般采用两个温度控制器，一个控制冷冻室的温度，另一个控制冷藏室的温度。这种方式比较合理，既确保冷藏室的温度不得低于0℃，又使冷冻室的温度降到最低温度。

当环境温度有明显变化时，应如何调节温度控制器呢？

对于直冷式冰箱，当环境温度低于15℃时，标记应对准最小的数字；15~25℃时，对准较小的数字；25~30℃时，对准中间的数字；30~40℃时，对准较大的数字；高于40℃时，对准最大的数字为宜。对于风冷式无霜冰箱，由于采用两个温度控制器，调节温度时，应注意配合。当环境温度低于10℃时，冷藏室的温度控制器应旋至较小的数字，而冷冻室的温度控制器反倒要旋至最大的数字，否则会因压缩机运行时间过少而达不到冷冻温度，使冷冻室的冷冻食品化冻。

温度控制器旋钮不要初次使用就调到数字很高的强冷点，而应先调到中点，再逐渐往下调。每调整一次均需使压缩机自动开停多次，使箱内温度趋于稳定。

# 任务二　电冰箱电气控制系统常见故障分析及排除

家用电冰箱的电气控制系统包括温度控制装置、化霜控制装置、压缩机启动与安全运转保护装置及照明灯等电路控制装置，其主要功能是控制电冰箱的正常工作，如控制箱内温度，压缩机的启动、运行、停机和进行过载保护，确保电冰箱的安全运行。

# 子任务一　压缩机不启动的故障分析及排除

## 一、任务描述

现有一台电冰箱出现了故障，压缩机不启动，请对此故障进行分析排除。

## 二、任务分析

电气控制系统是电冰箱上很重要的组成部分。一旦出现故障，便会影响到电冰箱的正常工作。维修电气控制系统的故障就是由故障现象出发，根据电路组成及电气控制元件的结构、原理分析产生故障的原因，在此基础上，运用正确的检测手段来确定故障的部位，最后予以排除。在这些环节中，理解各器件的结构原理及各种基本电路的工作原理是基础；而掌握正确的检测技术则是关键，因为检测的结果，不仅能验证分析、判断的正确性，还是修理或更换的必要前提。

## 三、相关知识

（一）电冰箱维修的基本原则

电冰箱的维修要结合构造，联系原理，搞清现象，具体分析。遵循从简到繁，由表及里，按系统分段，推理检查。

先从简单的、表面的分析起，而后检查复杂的、内部的；先按最可能、最常见的原因查找，再按可能性不大的、少见的原因进行检查；先区别故障所在的系统，如电气控制系统、制冷系统，而后按系统分段依一定次序推理检查。简单地说，就是筛选及综合分析，了解故障的基本现象后，便可根据电冰箱构造及原理上的特点，全面分析产生故障的可能原因；同时根据某些特征判明产生故障的原因，再根据另一些现象进行具体分析，找出故障的真正原因。

分析故障必须根据电冰箱的构造和工作原理来进行。故障发生后，要遵循"先想后动"的原则，严禁盲目乱拆、乱卸。因此，拆卸只能作为在经过缜密分析后而采用的最后措施。

（二）电气控制系统故障的检查方法

1. 电气线路及负载的检测

检查电冰箱的电气线路是否正常可以通过测交流电压或者测直流电阻的方法来查找故障部位。

（1）测交流电压法

① 通电前，检查其外壳是否会带电　最简便的方法是：用万用电表的直流电阻大倍率（×10k或×1k）挡，测电冰箱的三芯电源插头上，接220V电源的两个头与接外壳（即"地"）的头之间的直流电阻。正常时，万用电表的指针应不动（即阻值为∞）。如$R=0$或指针明显偏转，则说明通电后，其外壳会带电。如判断结果是外壳带电，则必须采用其他方法（如测直流电阻法）测量，找出通地部位且予以排除后，才能通电检查。

② 测量电源电压　用万用电表250V交流电压挡测量电源电压，看其是否正常。家用电冰箱电源电压范围为（$1\pm10\%$）×220V。即只要电源电压在198～242V范围内，应能正常使用。如电源电压不正常，可用调压器或交流稳压器使电源调到220V，然后再检测查电冰箱。

③ 测量负载上的电压　电源电压正常时，再测量负载上的电压。负载上应得到 220V 电压，它才能正常工作。在断电的状态下，想办法露出负载电路的连接点。插上电源插头，测负载两端有没有 220V 交流电压。如有，则表明电气线路连接及各种控制器件工作正常，应重点检查该负载及直接对该负载起控制作用的器件（如电容器、启动继电器等）。如果没有 220V 电压，则说明电气线路异常（不通），可先排除负载本身，再重点检查电气线路的连接是否完好，温控器是否正常，保护继电器是否断路等。

在测交流电压时，各功能开关应处于闭合状态。因为是在通电状态下测量，所以应注意操作时的安全。

（2）测直流电阻法　以图 3-9 所示的电冰箱电路图为例，来说明检测的方法。

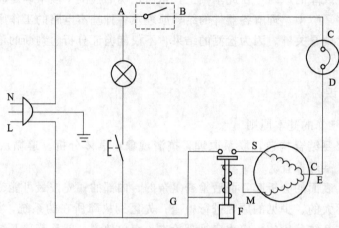

图 3-9　电冰箱电气线路的检测

① 分析电路：由压缩机电机和照明灯两个负载所在支路并联而成。在照明灯所在支路断开（如将电冰箱门关闭）时，则只有压缩机电机回路可能得电。在室温下。温控器电触点应处于闭合状态（因为肯定高于温控器的开点）；过电流、过温升保护继电器也应该是闭合的；重锤式启动继电器的电触点虽然断开（即压缩机电机的启动绕组回路不通），但与运行绕组串联的线圈应该是通的。

② 测量方法：用万用电表的直流电阻挡，选×1 或×10 挡测量，并在电冰箱断电的状态下进行。测电源插头的 N 和 L 插头端，正常时能测到一定的直流电阻值。这一直流电阻，就是压缩机电机中运行绕组的直流电阻。

③ 测定故障点：如果电阻为∞，表明电气线路有故障。检查电气线路中的断路点，可将万用电表的一根测试表棒（如红表棒）与电源插上的一个头（如 N）接触（可用手将红表棒与电源插头上的 N 端捏紧）。按电路的连接情况，用另一根表棒（如黑表棒）依次测电路中的 A、B、C、D、E、F、G 等各点，一直测到电源另一个插头。如前面一点通，而后面一点不通，则断路点便在这一部分。可能是控制器件，也可能是连接导线。通过这样的逐点检测，电路中的断路点是很容易发现的。

④ 多负载支路检测：对于有几条负载支路电冰箱，根据电路特点，利用各功能选择开关或控制器件，断开一条或数条支路，单独检测重点怀疑存在故障的那条支路。

（3）短接法

在电冰箱电气系统中，对电机、电加热器等负载进行控制的各种器件，往往都是通过其与负载串联的电触点来实施的。如启动继电器、温度控制器、过电流保护继电器、过温升保护继电器等。

① 短路故障元件：为了判断故障是否由某一控制器件造成，可用一根粗导线将其对应的电触点短接。如短接后，故障现象消失，则可确定该控制器有故障，可将其拆下后更换或修理。

② 故障部位区分：对于采用电子线路或单片微电脑控制的电冰箱，出现故障后，由于整个电路的复杂性往往难以入手进行检查，这时，可用短接法初步将故障部位分开。

因为控制电路总是通过继电器或双向晶闸管对负载（电机或电加热器）进行控制的。而继电器的电触点或双向晶闸管的两个主电极一般总是与负载串联的。所以，找到继电器的电触点或双向晶闸管的两个主电极，然后用导线将其短接。如短接后故障现象消除，则故障部位在以集成电路或单片微电脑为核心的电子控制电路中；如故障现象依旧，则不要先急于查电子控制电路，而应该先查控制板以外的部分，如电机、电加热器及保护继电器、熔断器等。

**2. 电动机的检测**

家用电冰箱电动机，有驱动压缩机工作的压缩机电动机；间冷式电冰箱上强制冷空气循环的风扇电动机等。

压缩机电动机出现故障后，电冰箱便不能工作了。电动机的常见故障有绕组断路、绕组短路及漏电等。

① 绕组断路检测：用万用电表直流电阻挡（$R \times 1$ 挡）测三个接线端。如某两端之间的电阻为无穷大，则表明电动机绕组已断路。对于采用内埋式保护继电器的压缩机，保护继电器电触点接触不良，也会得到这个检测结果。发现这类故障，一般只能更换压缩机。

② 绕组断路检测：如测得某两端直流电阻为零或阻值极小（远小于正常值），则表明电机绕组出现短路。产生匝间短路的原因，主要是绕组受潮、漆包线质量不好、过负荷运转等。如严重短路，则通电后不但不运转，还会使电源保险丝熔断。如少量匝间短路，则通电后，由于电流较大，不一会便会使保护继电器动作，切断电机的电源。可用钳形表测一下运转电流值，帮助确定是否存在匝间短路。

③ 绕组漏电检测：全封闭式压缩机漏电原因有，漆包线受潮、磨损而使其绝缘破坏且与铁芯相碰等。绕组通地时，会使电冰箱通电后其金属外壳带电。用万用电表电阻挡（$\times$ 1k）检查时，一根测试表棒与电动机三个接线端中的任一个接触，另一根测试表棒与压缩机的金属外壳接触。正常时，电阻值应为无穷大。如电阻为零或有明显的直流电阻值，都说明已产生漏电故障。这种压缩机是不能通电的，只能更换。

④ 绕组绝缘性能检测：但是用万用电表测得电机绕组与外壳之间的电阻为无穷大，并不能表明压缩机的绝缘一定是好的。测绕组与外壳之间的绝缘电阻应该用兆欧表（即摇表）。测量方法是将兆欧表的两根接线，一根接在压缩机的三个接线端中的某一个上，另一根线接在压缩机的金属外壳上。然后以 120r/min 的转速匀速摇动兆欧表的手柄，绕组与外壳之间的绝缘电阻正常时应在 2MΩ 以上。如小于 1MΩ，则表明压缩机电动机绕组与铁芯之间的绝缘物质的绝缘性能已下降。

**3. 电加热器的检测**

电冰箱中，有化霜加热器、接水盘加热器、排水管加热器、温控器加热器等。电加热器的功率有大有小。其中，功率最大的是化霜加热器。一般说来，电加热器的功率越大，其直流电阻越小。

**4. 冰箱电容的检测**

（1）冰箱电容：冰箱上采用电容分相式电动机的都要用到电容器。压缩机电动机电容器容量较大，为几十 $\mu F$。而且均为交流电容器，无正、负极。其外形有圆柱形和方形两种。

（2）电容检测方法：用万用表 $R \times 1k$ 或 $R \times 100$ 挡。先将电容器两个接线端短接。后用万用表两根表棒与电容器两个接线端接触。正常时，万用表的指针应先向右偏转一个角度，后逐渐返回到最左端（∞处）。

（3）电容故障现象：如开始指针一下便到最右端（$R = 0$ 处），且不再动。则表明电容器中的电介质已击穿。如一开始指针便不动，一直指在最左端（∞处），则说明电容器内部已断路。如开始时指针有偏转，但最后返回不到最左端，而是停在靠近最左端的某一位置，说明电容器中的电介质绝缘性能下降，产生了漏电现象。这种电容器使用时，相当于一个电阻（漏电阻）与电容器串联。在电流流过时，电容器会发热，最终电容器还是会损坏的。

（4）电容容量检测：先测一下一个相同容量的好电容器，记下指针右偏的最大位置。后测怀疑有问题的电容器。如果开始时指针右偏的角度明显减小，则说明该电容器已失效，容量明显变小。电动机用这种电容器，会出现通电后不能启动或启动困难的故障现象。

（5）电容器更换原则：应符合电容器两个主要参数要求。一是耐压，新换上去的电容器的耐压值应等于或高于原电容器的耐压值。二是容量，要与原电容器的标称值相同。如找不到单个同容量的电容器，可采用电容器并联的方法来代替。

**（三）压缩机不启动的故障分析与排除**

压缩机不启动的原因一般均由电气控制系统的故障造成的。造成压缩机不启动的原因有两类，一类是外部原因造成的，另一类是由电气控制系统电路及元件故障造成的。

**1. 压缩机不启动的外部原因**

主要造成的外部原因有以下几个方面。

（1）电源发生故障　这一故障一般是由于保险丝烧断，或电源插头接触不良，或某一连线松断引起的。

检查方法：先打开箱门，查看箱内照明灯是否亮．若照明灯不亮．则一般为电源发生了故障。这时可用万用电表的交流电压 250V 以上挡测量电源插座的电源电压。若测得电压为零，则可能是保险丝烧断或电源插座断线；若测得电压正常，则故障在电源线部分。可用万用电表电阻挡测其插头及有关连接线的通断，找出具体的故障点。

排除方法：查出故障点后进行相应修复即可排除故障。

（2）温控器调节钮处于"停"的位置　由于使用不当，造成温控器调节钮处于"停"挡，维修时应注意到此现象。

**2. 压缩机不启动的内部原因**

（1）温度控制器出现故障　检查方法：温控器是电冰箱或空调器上一个重要的控制器件。如发现反复旋转温控器的调温旋钮，仍不能达到正常的温度自动控制。且开停机过于频繁或时间过长；长停不开机或长开不停机等，都应重点检查温控器。温控器产生故障一般有以下两种原因：内部机械零件变形；感温剂泄漏。

打开箱门后将温控器旋钮按正反方向来回旋动数次，看能否接通。若不通则可断定触点接触不上，亦可在断电后用万用电表检查其触点是否良好。若确认触点接触良好，但仍不启动，则可用热棉纱给感温管微微加热，若触点不闭合，则说明感温囊内的感温剂已全部泄漏。

排除方法：拆下温控器，修复触点或感温囊后重新使用，或更换温控器。

温控器的检测如下。

① 确定温控器电触点状态：电冰箱温控器，在室温下，其电触点肯定应该是闭合的。

② 温控器电触点检测：用万用表电阻挡测温控器电触点两个接线端的电阻。电触点闭合时，其电阻值应为0；而断开时，其电阻值应为∞。

③ 温控器电触点状态转换检测：改变温度，用万用电表监测温控器电触点两接线端间的电阻值，看能否从闭合（$R=0$）转换为断开（$R\to\infty$）；或从断开（$R\to\infty$）转换为闭合（$R=0$）。

④ 改变温度方法：要升温，将感温管靠近点亮的白炽灯或用电吹风对准感温管吹。要降温先将调温旋钮逆时针旋到底，这是控制温度最高的位置，然后将它放入电冰箱冷冻室内，隔一会儿再取出。

⑤ 温控器更换原则：a. 同一型号直接更换。b. 用其他型号的温控器代换。代换时，除应考虑其外形及几何尺寸外，还得注意它的温度参数和电参数应与原温控器相同。c. 更换的类型须同一种类，即普通型代换普通型，定温复位型代换定温复位型；否则会人为地造成电冰箱不能正常工作。

（2）过载保护继电器出现故障 电冰箱过电流、过温升保护继电器串联在压缩机电机的主回路中。其保护的对象是全封闭式压缩机。

过电流、过温升保护继电器的断路故障主要是电热丝烧断，或电触点烧毁引起接触不良。也有的是质量较差，如双金属片稳定性不好，内应力发生了变化，致使触点断开后不能复原。上述故障往往是压缩机的频繁启动造成的。

检查方法：用万用电表电阻挡测量保护继电器触点是否良好。接触良好，阻值应为零。测量电阻丝的阻值也应接近于零。若测得电阻值为∞，则可断定其触点接触不良或电阻丝断裂。

排除方法：更换保护继电器。

检查保护继电器可用替代法、短路法及万用电表检测法。

替代法就是用一只好的保护继电器代替原来怀疑存在故障的保护继电器。如替代后故障现象消失，说明原来的保护继电器确已损坏。如代替后故障现象依旧，则说明故障与保护继电器无关。

短接法就是用一根粗导线将保护继电器的两个接线端短接，如短接后故障现象消失，表明原故障是由保护继电器引起的。如故障现象没有变化，说明故障与保护继电器无关。

用万用电表电阻挡测量保护继电器的两个接线端。正常时其电阻值接近于0。此时测量到的是其内部的电热丝及常闭触点的电阻。然后，可将它放到倒置过来的电熨斗上，对其加热。隔一段时间，会听到"嗒"一声响（双金属片翻转）。此时，再用万用电表测保护继电器的两个接线端，电阻值应为∞。降温后，电触点又会重新闭合。

如果常温下测保护继电器的两个接线端之间电阻为∞，则表明它已断路。原因可能是电热丝烧断，也可能是电触点接触不好。

确定为碟形双金属过电流、过温升保护继电器有故障，除电触点接触不良，可作适当修理外，其他均只能更换。

内埋式保护继电器经常出现的故障是绝缘破坏、触点失灵等。一般不能修复，也不易拆换，只有同压缩机一同更换。

（3）启动继电器出现故障　由于电冰箱启动继电器一天中要启动几十次，且启动时电流比正常运转电流大（约为正常运转电流的 5 倍左右），所以启动继电器也是较易发生故障的部位。

故障原因：启动继电器触点接触不良或电流线圈开路。

检查方法：用万用电表 $R\times1$ 挡测量其电流线圈的通断，测得电阻值不到 $1\Omega$ 左右为正常。若为∞则可断定电流线圈断路。

排除方法：修复触点、接通电流线圈后继续使用或更换启动继电器。

（4）检测方法

① 重锤式启动继电器的检测　一是电磁线圈检测：重锤式启动继电器属于电流型启动继电器。因为它的线圈和压缩机电动机的运行绕组串联，所以线圈所用漆包线的线径较粗，匝数也很少。用万用电表的 $R\times1$ 挡检测。其直流电阻也是接近于 0 的。如果线圈两个接线端之间的电阻为∞。则表明线圈断路。如果线圈外表面有焦黑的痕迹，则说明它已烧毁。

二是电触点检测：重锤式启动继电器重锤朝下时，电触点断开，而如果倒置，电触点闭合。用万用电表电阻挡判断，重锤朝下电阻应为∞。然后将其倒置，电阻值应为 0。如果无论重锤朝下，还是倒置，电触点的电阻值都不变（始终为∞或始终为 0），则表明电触点已损坏。

必须注意的是：所选的启动继电器应与压缩机电动机匹配，即它的吸合电流和释放电流这两个主要参数应与压缩机电动机的启动过程相适应。

② PTC 启动继电器的检测　PTC 器件损坏（一般为断路）后，其故障现象表现为压缩机无法正常启动。检测与更换或替换的方法如下。

一是 PTC 常温检测：在常温下，用万用电表的 $R\times1$ 挡检测 PTC 两个引出端。正常电阻值为十几欧。如 $R=0$ 或∞，都表明 PTC 器件损坏。如果 PTC 器件的温度升高到居里点以上，则 PTC 器件的电阻值将增大到几百千欧以上。

二是 PTC 控制功能检测：如图 3-10 所示，将 PTC 启动继电器与一只 60W 的白炽灯串联后接通 220V 交流电源。刚通电时，灯泡最亮，几秒内灯逐渐转暗。如果灯泡的状态一直不变（一直亮或一直不暗），则说明 PTC 启动继电器已损坏。

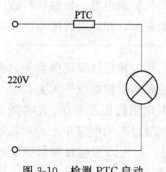

图 3-10　检测 PTC 启动继电器的电路图

更换 PTC 启动继电器应注意 PTC 器件的主要参数：在常温下的直流电阻值应相接近；其居里点正常；其电功率应大于或等于原 PTC 器件。

用 PTC 替换重锤式启动继电器的方法：改变压缩机电机的连接线。电动机的运行绕组直接接电源（将原接启动继电器线圈的两根线短接），而将 PTC 启动继电器接在原启动继电器常开触点的位置上。接好后，再通电试运转，如能顺利完成启动功能，则可替代原重锤式启动继电器。

（5）电动机与接线端子出现故障

① 压缩机运行绕组开路　检查方法：将冰箱断电后拆下启动继电器（重力式）。然后用万用电表电阻挡（$R\times1$）测量电机运行绕组 M～C 间的电阻。一般运行绕组的直流电阻在 $15\Omega$ 左右（通常启动绕组的电阻值比运行绕组大）。如测得 M-C 间的阻值为∞，则说明压缩机的运行绕组开路。

排除方法：修复电机绕组，或更换压缩机。

② 电动机绕组引出线与机壳接线柱脱落　检查方法：出现这一故障时，测量电动机的运行和启动绕组电阻值都为∞。

排除方法：切开压缩机上盖后，将绕组引出线与接线柱接牢即可。

（四）维修案例

**案例 1**

故障现象：一台 BCD-185 型电冰箱出现不能启动、只听到断续的"咔嚓"声。

故障分析：电冰箱不启动的可能原因有压缩机卡死、电机绕组烧坏、过载保护器断路、启动继电器失灵、温控器损坏等。检查时，先让电冰箱通电，用钳形电流表测量压缩机启动电流和工作电流是否正常，测得启动电流在 5A 以上，而后又返回到 4A 左右，但压缩机却能启动运转。这就排除了过载保护器，用万用表电阻挡测量压缩机 3 个接线柱之间的电阻值，测得启动绕组和运行绕组的阻值正常，绕组与机壳之间的绝缘电阻也大于 2MΩ，这也排除了压缩机电动机绕组损坏的可能。

可采用人工启动的方法强制压缩机启动运转，压缩机顺利启动运转，运转电流在 1A 左右，而且电冰箱开始制冷，说明压缩机本身没有毛病，而是启动继电器发生了故障。

故障维修：该机采用的是重锤式启动继电器，用手摇动它时感觉到其中的衔铁运动有些受阻，将其拆下，小心地倒出当中的衔铁和动触点。发现衔铁受阻是因为启动继电器的骨架上有毛刺。用小刀将毛刺剔除后，装入衔铁和动触点，将启动继电器重新装回到压缩机上，试机，电冰箱恢复了正常工作。

**案例 2**

故障现象：电冰箱通电后，压缩机不启动。

故障分析：通电后，打开电冰箱门，照明灯会亮，说明电源正常。但压缩机不能启动运转，而且也听不到压缩机电机的"嗡嗡"声。用万用表测得温控器的插脚导通。断电后，取下 PTC 启动器和碟形双金属保护器，让压缩机强制启动，压缩机可以启动，说明是 PTC 启动器或碟形双金属保护器断路了。用万用表测量碟形双金属保护器两引脚间的直流电阻。而常温下该电阻应很小，但实测值为无穷大，确定保护器的确损坏了。

故障维修：更换了一个碟形双金属保护器后，试机，压缩机启动运转恢复正常。

## 四、任务实施

（一）工具和设备的准备

1. 电气故障的电冰箱或空调冰箱组装与调试实训考核装置。

2. 电冰箱常用检测仪表、工具、设备和材料。

（二）任务实施步骤

1. 观察电冰箱出现的故障现象。

2. 根据故障现象判断产生故障的原因。

3. 确定故障排除方法，对故障部位进行修复。

4. 运行试机。

（三）注意事项

1. 此任务的综合性很强，在实训过程中，应始终综合考虑产生故障的原因，根据故障现象逐一分析，用排除法确定故障点。

2. 电冰箱常用检测仪表、工具、设备的使用应严格遵守其安全操作规程。

3. 检测元件和分析控制关系之前，应切断电源，切不可带电检测。

4. 用万用表测量通断时，应使转换开关拨至欧姆挡，断电测量，用万用表测电压时，表笔切勿碰到别的电器，以免短路。

5. 电冰箱修复后应作必要的性能检测，以便检查修理质量是否符合要求。

## 五、知识拓展

### 微电脑控制电冰箱的功能介绍

随着科技的发展，微电脑冰箱的应用越来越多。原有的机械温控冰箱控制简单可靠、成本低，但功能单一；而微电脑控制冰箱温控精确、附加功能多、有着人性化操作界面。微电脑控制电冰箱的功能主要包括以下几个方面。

1. 制冷温度控制功能

通过温度传感器和微电脑控制实现冰箱各个间室温度的自动控制，使冰箱内的温度达到用户的设定温度范围。

2. 电源过压保护功能

当市电电源电压过高时，通过保险管熔断措施保护控制板及其他电器件不至于损坏。

3. 压缩机延时 3min 启动的保护功能

压缩机每次停机，制冷系统管道内压力需要一段时间平衡，如果在停机后马上启动则开机负载很大，容易损坏压缩机。单片机系统在每次上电时检测如果停机时间不足 3min 则自动延时 3min 启动以保护压缩机。

4. 系统保护及断电记忆功能

为防止用户在插接电源过程中出现的暂时性接触不良，在单片机上电 3s 后才允许开压缩机。系统因强干扰等原因造成死机时，能自动复位且保持复位前的显示和按复位前的模式运行。系统停电后再来电，自动按停电前的模式及设定运行。

5. 低温环境下的自动温度补偿功能

由于单循环制冷系统的冰箱冷藏冷冻室同时制冷，在低温环境下会造成冷藏室温度过低或冷冻室温度过高。自动温度补偿功能通过对冷藏室补偿加热器的自动控制实现在各种环境温度条件下的冷藏室冷冻室温度控制。

6. 冷藏蒸发器自动化霜控制功能

自动化霜控制根据冰箱运行制冷的时间使冷藏蒸发器表面的霜融化成水并排出箱外，自动化霜控制同时确保化霜过程结束后（冷藏室蒸发器的温度高于 5℃）再进行制冷，避免化霜水结冰堵塞排水孔及影响制冷能力。

7. 自动除霜控制功能

无霜冰箱并非不结霜，而是冰箱具有自动除霜控制功能，不需要用户手动除霜。自动除霜控制根据冰箱运行制冷的时间及箱内的温度控制除霜加热器的工作进行除霜。除霜时除霜加热器加热将冷冻室蒸发器上的结霜融化成水并排出箱外，有的冰箱另设有接水槽加热器避免排水孔堵塞。自动化霜控制同时确保把霜除干净后（冷冻室蒸发器的温度高于 6℃）并延时几分钟后再进行制冷。在自动除霜过程中冷冻室停止制冷，风扇电机停止运转避免冷冻室温度的回升。

8. 间室关闭功能

根据使用需要由用户设定关闭不需要制冷使用的间室，以减少实际使用的耗电量。间室关闭功能通过系统控制电磁阀的状态，关断对应间室的制冷循环回路，实现对应间室停止制冷的功能。

9. 关门提示功能

根据检测到的门开关的信号，如果开门的时间超过了2分钟，则蜂鸣器鸣叫提醒用户关门，如果长时间仍未关门，则认为门开关故障或用户忘记关门，自动进行关照明灯等动作。

10. 速冷、速冻功能

速冷、速冻功能为冰箱根据用户需要设置的预存专家模式，进入速冷模式后冷藏室快速降温，进入速冻模式后冷冻室快速冷却实现保鲜效果，速冷、速冻模式由用户通过按键设定进入，符合条件后自动退出按原有设定运行。速冷、速冻模式下压缩机连续运行。

11. 状态显示功能

该功能通过显示操作界面显示冰箱的设定温度、实际温度、当前运行模式、间室关闭状态、故障代码等。

12. 自诊断及故障提示、处理功能

通过软件设置，单片机对冰箱常见故障进行判断，并以故障代码的形式显示在显示操作面板上，同时程序内部转入故障处理方式运行，使电冰箱维持基本的功能。

13. 系统自检功能

为便于生产检验和售后维修，通过特定的按键组合可以进入控制系统自检程序，进入自检后冰箱按特定的流程进行运行和显示，供检验和维修人员作为判断参考。

# 子任务二　融霜元件故障分析及排除

## 一、任务描述

一台间冷式电冰箱融霜元件出现了故障，根据图3-11除霜电路及图3-12主要部件接线图判断故障点并进行排除。

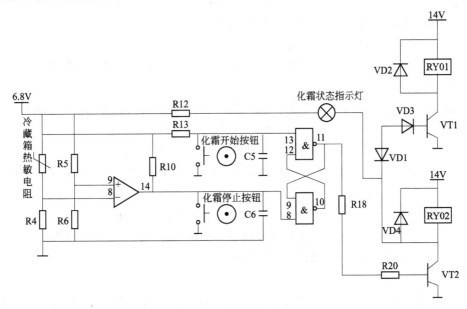

图 3-11　电冰箱除霜电路

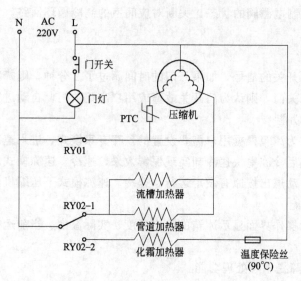

图 3-12　间冷式电冰箱主要部件接线图

## 二、任务分析

对于融霜元件故障主要有不融霜、不停止融霜等。此类故障，应参照电冰箱的电路图进行分析。当蒸发器结霜很厚而不化时，大多为融霜温控器的触点接触不良、融霜电加热器加热丝烧断以及融霜定时器触点接触不良等原因。检查时用万用表对照电气控制图进行分析检测，找出故障零件后进行修复或更换。

## 三、相关知识

### （一）自动化霜部件

无霜电冰箱采用全自动化霜控制方式，所以看不到结霜。在自动化霜电路中，有化霜加热器、化霜定时器、化霜温控器及化霜超热保护熔断器等。

1. 化霜加热器和超热保护熔断器

间冷式电冰箱的化霜加热器多采用电加热方式，有金属管和石英玻璃管两种封装形式。

2. 化霜定时器

化霜定时器是自动化霜电路的核心控制部件，它由同步电机和减速齿轮控制的电触点构成 。累计压缩机连续运转 8～12s 后跳到融霜状态。其见图 3-13。

判断化霜定时器的好坏，先用万用表欧姆挡 $R×1k$ 挡测量，被测电动机的阻值若为 $7055Ω$ 左右，那为正常。然后再用 $R×1$ 挡，测其 CD 接头是否接通，若接通（时间继电器处在制冷期），则 CB 之间不应接通。再将手控钮顺时针旋转到出现"嗒"的一声时停止扭动，在扭动时不应用力过大，此时在此位置上用万用表测：CD 接头不接通，而 CB 之间应接通（时间继电器处在化霜期）。如再旋转很小一个角度时，又会出现"嗒"的一声，时间继电器又恢复到制冷工况：CD 接通，CB 断开。

3. 化霜温控器

化霜温控器为热双金属片温度控制元件，其触点断开温度为 13℃ 左右，闭合温度为 −5℃。

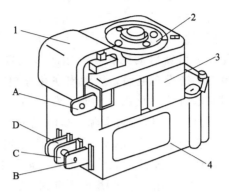

图 3-13 化霜定时器示意图

1—定子绕组；2—电动机转子；3—齿轮箱；4—开关箱；

A—给定时马达供电；B—化霜点（加热器）；C—公共点（温控器）；D—制冷点（压缩机）

（二）电冰箱自动化霜电路元件的检测

1. 化霜加热器和超热保护熔断器的检测

化霜加热器的电功率一般都较大，其直流电阻较小，用万用表的电阻挡测量。正常时，一般应有几百欧姆的电阻值。如阻值相差较大，多为化霜加热器被烧断。如阻值为∞，则多为化霜超热保护熔断器已熔断，应予以更换。

2. 定时器的检测

化霜定时器有四个接头。其中两个接头是定时电机引出线，另两个是电触点。正常时，定时器直流电阻值在 $7k\Omega$ 左右。化霜定时器的电触点相当于一个单刀双掷开关，其接线如图 3-14 所示。如 C-B 之间通（$R=0$），则 C-D 之间应断（$R\rightarrow\infty$）。再将其手控钮顺时针旋转到出现一声"嗒"的声音时停止旋动。此即为化霜位置。在此时测量应该是 C-B 之间断（$R\rightarrow\infty$）。而 C-D 之间通（$R=0$）。如果再将手控钮顺时针旋转很小一个角度，又会出现"嗒"的一声。这时，又恢复到 C-B 通，C-D 断的状态。

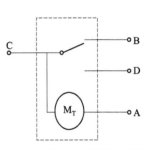

图 3-14 化霜定时器的接线图

（三）融霜元件故障

融霜元件常见故障主要有不融霜、不停止融霜等。对于此类故障，应参照电冰箱的电气控制图进行分析。当蒸发器结霜很厚而不化时，大多为融霜温控器的触点接触不良、融霜电加热器加热丝烧断以及融霜定时器触点接触不良等原因。检查时用万用表对照电气控制图进行分析检测，找出故障零件后进行修复或更换。

此外，风扇电动机不转也是融霜系统常见的故障，风扇电动机不转易造成电冰箱的冷气循环不良，以及结霜严重。风扇电动机不转的原因除了门触开关接触不良以外，还可能是由于电动机绕组短路、断路、轴被冻结等原因造成，检测时用万用表测试电动机绕组的直流电阻及对地电阻即可判定。对于损坏的风扇电动机要拆下进行修复或更换。若由于轴承处结冰而卡住，可用电吹风机将结冰处融化。

（四）维修案例

故障现象：冰箱长时间运转不停机，冷冻、冷藏室温度均不正常（冷冻室食物不能冻结），接水盒干燥，无化霜水。

分析与检修：这是一台间冷无霜式冰箱（电路如图 3-15 所示），由于无化霜水，分析可能为化霜电路故障，又因冷冻、冷藏室温度均不正常，也不排除制冷系统有故障。为判断故障点，打开冰箱的双门，停止冰箱运行，几个小时后接水盒开始积水。待蒸发器上的霜完全化掉后重新启动冰箱，冰箱能够正常制冷，冷冻室、冷藏室温度均正常，这样可以肯定制冷系统没有毛病，故障出在化霜电路。取出冷冻室内侧的塑料挡板及保温隔层，用万用表电阻挡测化霜电加热、限温熔断器、化霜温控器及化霜定时器的微电机（在冷藏室内）等均正常但接通电源，微电机没有运转，用试电笔测量微电机线圈两端均带电，而用万用表测量电压为 0V，初步判断化霜电路零线开路。断电后用万用表的电阻挡进一步检查发现：在断开限温熔断器的状态下 B 点与电源插座的 N 点及电容器的 C 点均不通，而 N、C 两点相通，说明 B 点与 N、C 点的连线开路。由于该连接点被封在冰箱的内外层之间，为避免破开箱体，可设法找到 B 点的同电位点用导线重新连接即可解决问题。于是从 C 点（电容器的一端）引出一根线通过冷冻室至冷藏室的冷气通道到达冷冻室，与 B 点引线相接（用烙铁焊接好），并作好防水处理后，通电试机，定时器微电机正常运转，冰箱也运转正常，数小时后，接水盒中开始有化霜水流入，说明化霜电路正常工作，冰箱故障排除。

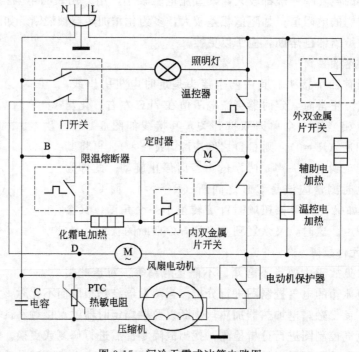

图 3-15　间冷无霜式冰箱电路图

## 四、任务实施

（一）工具和设备的准备

1. 融霜元件故障的电冰箱或空调冰箱组装与调试实训考核装置。

2. 电冰箱常用检测仪表、工具、设备和材料。

（二）任务实施步骤

1. 观察电冰箱出现的故障现象。

2．根据故障现象判断产生故障的原因。

3．确定故障排除方法，对故障部位进行修复。

4．运行试机。

（三）注意事项

1．电冰箱常用检测仪表、工具、设备的使用应严格遵守其安全操作规程。

2．检测元件和分析控制关系之前，应切断电源，且不可带电检测。

3．用万用表测量通断时，应使转换开关拨至欧姆挡，断电测量；用万用表测电压时，表笔切勿碰到别的电器，以免短路。

4．电冰箱修复后应作必要的性能检测，以便检查修理质量是否符合要求。

## 五、知识拓展

电冰箱电气系统故障现象与产生原因处理方法见表 3-1。

表 3-1　电冰箱电气系统故障现象与产生原因处理方法一览表

| 现象 | 故障情况 | 检查位置 | 原因 | 处理方法 |
|---|---|---|---|---|
| 冰箱不运转 | 电流计不动，以三用电表测试 | 电源 | 电源线未接通 | 检查是否停电、未插电、电源或插座不良及点开关保险丝断等 |
| | | 压缩机 | 1．电动机主线圈折断<br>2．冰箱配线折断 | 1．换压缩机<br>2．检查修理 |
| | | 继电器 | 电热线折断 | 换继电器 |
| | | 电子控制板 | 接触不良 | 换电子控制板 |
| | 电流大，电动机立刻停止 | 压缩机 | 1．束心<br>2．电动机层间短路<br>3．电动机辅助线圈断线 | 换压缩机 |
| | | 启动器 | 1．动作不良<br>2．接点接触不良 | 1．换启动器<br>2．磨光接点或换新 |
| | | 电容器 | 烧坏 | 换电容器 |
| | | 电源 | 电压不正常 | 向顾客说明 |
| 运转时间不长 | 压缩机不能控制停止 | 操作按键（冷藏室） | 动作不良 | 换电子操作板 |
| | | 门环 | 1．门环不密<br>2．门间隙不良 | 1．换门环或调整<br>2．调整 |
| | | 其他 | 1．储藏食品太多<br>2．储藏太热食品<br>3．门开关太频繁<br>4．放置地点不当 | 向顾客说明 |
| | 耗电量大 | 操作按键（冷冻室） | 温度设定不当 | 向顾客说明，并将冷藏库温度设定调"低" |
| | | 电源 | 电压太高（242V 以上） | 向顾客说明 |
| | | 其他 | 1．储藏食品太多<br>2．放置地点不当<br>3．门未密闭 | 1．向顾客说明<br>2．向顾客说明并设法改善<br>3．调整 |
| 冰箱运转但不制冷 | 全部不冷 | 冷冻系统 | 1．冷媒漏<br>2．灰尘、水分阻塞<br>3．吐压不良 | 1．换修冷冻系统<br>2．换修冷冻系统<br>3．换压缩机 |
| | 长时间运转不冷 | 冷冻系统 | 1．冷媒量不足<br>2．灰尘、油阻塞<br>3．吐压不良 | 1．换修冷冻系统<br>2．换修冷冻系统<br>3．换压缩机 |

续表

| 现象 | 故障情况 | 检查位置 | 原　因 | 处理方法 |
|---|---|---|---|---|
| 噪声 | 运转及启动停止时声音大 | 压缩机 | 1. 内部异状<br>2. 装置不良<br>3. 电压太低(低于 187V)<br>4. 接触音 | 1. 换压缩机<br>2. 调整<br>3. 向顾客说明<br>4. 调整或换新 |
|  | 启动停止及运转中振动 | 各部之接触振动 | 装置、固定接触不良(毛细管、吸入管) | 调整 |
|  |  | 蒸发盘出声 | 1. 蒸发盘放置不当<br>2. 底座之平面度不佳 | 1. 向顾客说明<br>2. 调整 |
|  |  | 装配 | 1. 脚调节不良<br>2. 地板不平 | 1. 调整<br>2. 向顾客说明并改正 |
|  |  | 配管 | 1. 配管相互接触<br>2. 配管吸振不良 | 1. 调整<br>2. 调整 |
|  |  | 压缩机 | 螺丝固定过紧 | 调整 |
| 流汗<br>(凝露) | 运转及启动停止时声音大 | 食物餐具 | 顶住门衬致门关不密 | 排除 |
|  |  | 门环 | 1. 门环不密<br>2. 门板翘曲 | 1. 调整<br>2. 调整或换新 |
|  | 外箱门表面流汗 | 其他 | 1. 湿度特别高<br>2. 放置高湿度的地方<br>3. 使用方法错误<br>4. 装配不良产生隔隙，PU 空洞 | 1. 向顾客说明<br>2. 向顾客说明<br>3. 向顾客说明<br>4. 改良装配,补充绝缘 |
|  | 箱内流汗溢水或漏水 | 门 | 1. 门衬垫材间隙不良<br>2. 门开关不密 | 1. 换门封垫材<br>2. 调整 |
|  |  | 排水装置阻塞 | 排水管阻塞 | 使畅通 |
|  |  | 使用方法不良 | 1. 多水分食品未包覆<br>2. 夏天开门过于频繁 | 1. 向顾客说明<br>2. 向顾客说明 |
|  |  | 滴水盘不能承受霜水 | 放置位置不佳 | 向顾客说明 |
| 其他 | 漏电 | 配线及其他电制品 | 1. 绝缘不良<br>2. 压缩机电动机绕组对地短路 | 不良部分修理,向顾客说明或使用地线端子 |
|  | 门开关不顺 | 合叶部及门止杆 | 1. 固定部松动<br>2. 动作不良<br>3. 磨耗 | 1. 调整<br>2. 调整<br>3. 更换 |
|  |  | 门环 | 门间隙不良 | 门调整 |
|  |  | 箱内 | 门不正 | 调整或更换 |
|  | 门灯不亮 | 箱内灯开关 | 接触不良 | 更换 |
|  |  | 箱内灯 | 1. 断线<br>2. 灯座不良<br>3. 配线不良 | 1. 更换<br>2. 更换<br>3. 检查修理 |

# 任务三　电冰箱制冷系统常见故障分析及排除

电冰箱制冷系统的常见故障主要有制冷效果差及制冷系统堵塞两个方面。

# 子任务一　制冷效果差的故障分析及排除

## 一、任务描述

现有一台电冰箱经长时间使用后，制冷效果明显下降，经初步判断排除了电气系统故障，确定为制冷系统故障，请对该台冰箱进行维修。

## 二、任务分析

要想对制冷效果差的冰箱进行维修，首先应观察好故障现象，根据故障现象进行分析逐一排查故障原因，找到原因后进行维修，修复后运行试机，并做必要的性能检测。

## 三、相关知识

（一）电冰箱故障检查的一般方法

电冰箱的结构较复杂，出现某种故障的原因可能多种多样。实践证明，正确地运用"一看、二听、三摸"的方法，就能较有效地分析、判断出故障的原因。

1. 看

电冰箱在正常工作状态下，蒸发器表面的结霜应该是均匀的。因而判断电冰箱故障时应首先查看蒸发器的结霜情况。

（1）正常工作的直冷式电冰箱蒸发器表面应有霜且霜层均匀、厚实，若发现蒸发器无霜，或上部结霜、下部无霜，或结霜不均匀、有虚霜等现象，都说明电冰箱制冷系统工作不正常。如果出现周期性结霜情况，说明制冷系统中含有水分，可能出现冰堵。若电冰箱工作很长一段时间后，蒸发器仍不结霜，说明制冷系统可能有泄漏。

（2）观察毛细管、干燥过滤器局部是否有结霜或结露。若有则表明局部有堵塞现象。观察压缩机吸气管中是否结霜、箱门过滤器局部是否凝露，由此可判断制冷剂是否过量，防露管是否有故障。再观察制冷管路系统，主要观察管路的接头处是否有油迹。管中外部若有油迹出现，说明此处制冷剂有渗漏，由于制冷剂有很强的渗透力并可与冷冻油以任意比例互溶，故若有油迹，就说明有制冷剂渗漏。

2. 听

听是指用耳朵去听电冰箱运行的声音。

电冰箱正常工作时，压缩机会发出微弱的声音，这是高压液态制冷剂通过毛细管进入低压蒸发器内，进行蒸发器吸热制冷。打开箱门，将耳朵贴在蒸发器或箱体外侧，即可听到有气流声，这说明电冰箱工作正常。若有以下声音则属不正常现象。

（1）接通电源后，听到"嗡嗡"的声音，说明电动机没有启动，应立即切断电源。

（2）听到压缩机壳内发出"嘶嘶"的气流声，这是压缩机内高压缓冲管断裂后，高压气体窜入机壳的声音。

（3）压缩机在运行过程中若发出"�......"的异常声时，说明压缩机外壳内吊簧松脱或折断，压缩机倾斜运转后发出撞击声。

（4）若听到"嗒嗒"的声音，这是压缩机内部金属的撞击声，表面内部运动部件因松动而碰撞。

（5）若听不到蒸发器内的气流声，说明制冷系统产生脏堵、冰堵或油堵。若听到的气流声很小，说明制冷剂基本漏完了。

3. 摸

摸是指用手触摸冰箱各部分的温度。

用手摸有关部件，以感觉其温度情况，可分析、判断故障所在的部位。

（1）在室温 30℃时，接通电冰箱电源运行 30min 后，用手触摸排气管应烫手。冬季触摸应有较热的感觉。

（2）用手触摸冷凝器表面温度是否正常。电冰箱在正常连续工作时，冷凝器表面温度约为 55℃，其上部最热、中部较热、下部微热。冷凝器的温度与环境温度有关。冬天气温低，冷凝器温度低一些；夏天气温高，温度高一些。

手摸冷凝器时应有热感，但可长时间放在冷凝器上，这是正常现象。若手摸冷凝器进口处感到温度过高，这说明冷凝压力过高，系统中可能含有空气等不凝结气体或制冷剂过量。若手摸冷凝器不热，蒸发器中也听不到"嘶嘶"声，这说明制冷系统在干燥过滤器或毛细管等部位发生了堵塞。

（3）用手触摸干燥过滤器表面温度。正常工作时，应与环境温度相差不多，手摸应有微热感觉（约 40℃）。若出现明显低于环境温度或有结霜、结露现象，说明干燥过滤器内部发生脏堵。

（4）用手沾水贴于蒸发器表面，然后拿开，如有黏手感觉，表明电冰箱工作正常。若手贴蒸发器表面不黏手，而且原来的霜层也化掉，表明制冷系统内制冷剂过少或过多。

通过上述的看、听、摸之后，可再次按表 3-2 所示的方法进行区别，即可对制冷系统故障发生的部位和程度做到心中有数。由于电冰箱是多个部件的组合体，各个部件之间相互影响，相互联系。因此在实际维修过程中，只掌握个别故障现象，很难准确地判断出故障发生的部位。若需进一步分析判断故障的准确部位及故障程度，需用有关仪表对电冰箱进行性能检测。

表 3-2　电冰箱制冷系统故障现象比较

| 故障 | 故障情况 | 运行时外观检查 | | | 切断毛细管时喷气 | |
|---|---|---|---|---|---|---|
| | | 蒸发器气流声 | 蒸发器冷感 | 冷凝器热感 | 与蒸发器连接端 | 与干燥过滤器连接端 |
| 制冷剂泄漏 | 大 | 大 | 无 | 无 | 无 | 无 |
| | 小 | 小 | 小 | 小 | 小 | 不大 |
| 脏堵 | 严重 | 无 | 无 | 无 | 无 | 多 |
| | 微 | 小 | 小 | 小 | 小 | 多 |
| 冰堵 | — | 开始有 | 开始有 | 开始有 | 小 | 多 |
| 压缩机效率下降 | 大 | 无 | 无 | 无 | 有 | 多 |
| | 小 | 小 | 小 | 小 | 有 | 多 |

（二）制冷效果差的原因分析

制冷效果差是指电冰箱能正常运转制冷，但在规定的时间条件下，箱内温度降不到设定温度。如果使用情况正常，箱门又能关严，制冷效果差的故障就出在制冷系统。造成这种现象的原因很多，具体分析如下。

1. 制冷剂泄漏

制冷系统制冷剂泄漏，制冷剂过少时，会使蒸发器的蒸发表面积得不到充分利用，制冷量降低，蒸发器表面部分结霜，吸气管温度偏高。

现象：若冰箱制冷系统有泄漏，压缩机长时间运转，或自停时间很短，蒸发器上部分结霜，冷凝器只有局部管热、甚至不热，蒸发器结霜的部位逐日减退，最后整个蒸发器不结霜，此时在蒸发器上可听到较响的空气循环声。

排除方法：制冷剂泄漏后不能急于向系统充注制冷剂，应先找到泄漏点，经修复后再充注制冷剂。

由于冰箱的接头及密封面较多，潜在的泄漏点相应较多。检漏时必须注意摸索易漏的部位，首先观察管路表面有无油污或断裂等。如没有发现较大泄漏点，可按正常的检查方法充氮气、检漏、修复泄漏点、抽真空、充注制冷剂然后运转试机。

2. 充注制冷剂过多

制冷系统中充加过多的制冷剂，会使过多的制冷剂在蒸发器内不能很好蒸发，液体制冷剂返回压缩机中，这样压缩机的吸气量减少，制冷系统低压端压力升高，又影响蒸发器内制冷剂的蒸发量；造成制冷能力下降。同时，过多的制冷剂会占去冷凝器的一部分容积，减少散热面积，使冷凝器的冷却效率降低，吸气压力和蒸发温度也相应提高，吸气管出现结霜现象。遇到这种情况，必须及时将多余的制冷剂排出制冷系统，否则不但不能提高降温效果，反而使压缩机有液击冲缸的危险。

现象：压缩机吸排气压力普遍高于正常压力值，冷凝温度高，压缩机电流增加，蒸发器结霜不实，箱内温度降得慢，压缩机吸气管结霜。

排除方法：打开压缩机工艺管放掉多余制冷剂。

3. 制冷系统内有空气

现象：压缩机吸排气压力升高（但排气压力未超过额定值），压缩机出口至冷凝器入口处温度明显增高，由于系统内有空气，排气压力、温度都有所提升，同时气体喷发明显加大。

排除方法：可以在停机几分钟后，打开工艺管放出制冷剂后，对系统抽真空，重新充注制冷剂。

4. 压缩机效率低

现象：经过较长时间使用的压缩机，压缩机运动部件有相当大程度的磨损，各部件配合间隙增大，气阀密封性能下降，引起实际排气量的下降。

排除方法：更换新的压缩机或对压缩机进行开背维修。

5. 蒸发器霜层过厚

现象：蒸发器霜层过厚，严重影响传热，致使箱内温度降不到要求范围内。

排除方法：停机除霜，打开箱门让空气流通，也可用风扇等加速空气流通，减少除霜时间，不得用铁器等敲击霜层，以防损坏蒸发器管路。

6. 蒸发器管路中有冷冻机油

现象：蒸发器管路中如有冷冻机油的存在，若积油过多，在冰箱工作时，能听到蒸发器内的"咕噜"声，也可以从蒸发器挂霜上来判断，若蒸发器上霜结的不全，也结的不实，此时若未发现其他故障，可判断是带油所导致的制冷效果差。

排除方法：断开压缩机吸气管和毛细管与干燥过滤器之间的连接管，用氮气打压至 $0.5 \sim 0.6\text{MPa}$，并采用不断堵住和松开毛细管出口的方法予以清除。对与积油过多的蒸发器，为保证制冷效果，也可在蒸发器内灌入清洗剂然后打压吹出积油。吹洗时应反复进行几次，直到清除干净为止。吹洗后的蒸发器经干燥处理后重新抽真空、充注制冷剂及封口。

（三）维修案例

**案例 1**

故障现象：电冰箱不制冷，压缩机不停机。

故障分析：试机时发现压缩机排气管不热，蒸发器没有"流水"声，可能是制冷系统有故障。于是割断压缩机工艺管，发现没有气体喷出，说明系统有泄漏。但该机采用的是平背式冷凝器结构，冷凝器及其与蒸发器的接头等部位均藏于箱体内，使判断泄漏的具体部位比较困难。此时，宜采用分段检漏法分别对高、低压侧进行检查。在压缩机的工艺管和回气管充灌 0.4MPa 压力的氮气，将肥皂水涂抹于外露的管道、接头和蒸发器等处检漏，未发现有泄漏之处。过一段时间后，检查修理阀上的压力表，低压侧的压力维持不变，而高压侧的压力只剩 0.5MPa，说明是压缩机或是冷凝器有泄漏。用气焊断开冷凝器与压缩机排气管及与干燥过滤器的焊缝，使内藏式冷凝器脱离制冷系统；再在冷凝器的两端各焊上一根短铜管，把其中一根的另一端封口，而另一根的另一端焊上修理阀，通过修理阀单独向内藏式冷凝器充灌 1MPa 的氮气，仅过数分钟就明显掉压，即可判断出是内藏式冷凝器出现泄漏。

故障维修：内藏式冷凝器一旦发生泄漏后，如果将箱背后钢板整个打开，补漏后再将钢板封好，不仅十分麻烦，外观也将受到较大影响，并且修复后由于冷凝盘管与钢板不能紧密贴附在一起，致使散热效果差，制冷能力下降，功耗增加。因此可采用一个与该冰箱容积相配的百叶窗式冷凝器，将内藏式冷凝器和箱门除露管都短路掉。具体做法是在箱体背面适当位置钻 4 个 4mm 的小孔，先将"乙"字形的金属板固定在箱体背面，然后用 5mm 自攻螺钉将冷凝器固定在"乙"字形的支架上。再将冷凝器的进气管与水蒸气加热器的出口相接，而出口接干燥过滤器即可。焊接完毕后，进行整体试压查漏，确认不泄漏后再进行抽真空、灌气，冰箱故障消除。

**案例 2**

故障现象：电冰箱使用 2 年，逐渐不制冷。

故障分析：通电试机，用钳形表测量压缩机的工作电流，发现电流偏低，冷凝器不热，气流声很微弱，而冷冻、冷藏室的蒸发器只凝露不结霜，估计是制冷剂泄漏了。进一步检查发现，门防露管与冷凝器连接接头的焊接处两侧有温差。由于该接头因污物堵塞而造成其孔径变小，致使制冷剂流过时因阻力大大增强而产生部分的蒸发，相当于毛细管的作用，因而接头出口端的温度比进口端的温度低。

故障维修：停机后用割刀断开门防露管的焊接接头，将接头清理干净，重新焊好，经抽真空充灌制冷剂，堵塞故障排除。

## 四、任务实施

（一）工具和设备的准备

1. 制冷效果差的电冰箱或电冰箱组装与调试实训考核装置。

2. 电冰箱常用检测仪表、工具、设备和材料。

（二）任务实施步骤

1. 观察电冰箱出现的故障现象。

2. 根据故障现象逐一分析，判断故障原因。

3. 找到故障原因后，根据排除方法对故障进行排除。

4. 运行试机。

（三）注意事项

1. 此任务的综合性很强，在实训过程中，应始终综合考虑产生故障的原因，根据故障现象逐一分析，用排除法确定故障点。

2. 电冰箱常用检测仪表、工具、设备的使用应严格遵守其安全操作规程。

3. 进行工艺管切割操作时，注意不要将制冷剂喷到手上，以免冻伤。

4. 电冰箱修复后应做必要的性能检测，以便检查修理质量是否符合要求。

## 五、知识拓展

### 电冰箱常见的假性故障

电冰箱假性故障是指非电冰箱本身各部件、元器件问题引起的各种故障。在检修时，必须先排除这些假性故障，才能使检修工作顺利进行。电冰箱常见假性故障主要有以下几方面。

1. 电冰箱使用不当

电冰箱摆放位置不妥、通风不良、冷凝器积尘过多而不加清洁，这些都会使冷凝器散热不良，使电冰箱制冷效果变差。箱内的食物过多，阻碍了冷气的循环，会使箱内温度偏高。频繁开启箱门，压缩机开机时间必然会延长。

2. 电源电压不足或插头与插座接触不良

这两种情况都可能使加至电冰箱的电压低于工作电压，而使电冰箱不启动或启动频繁。

3. 无霜电冰箱在化霜期间突然停电或来电后电冰箱不运转

化霜期间压缩机和电路及化霜定时器电路都已切断，来电时压缩机必然不启动运行，但化霜定时器开始运行。因此，过一段时间，化霜定时器运行至触点接通压缩机电路位置时，压缩机就自然启动运行。

4. 冬季电冰箱制冷效果差

不少电冰箱箱体内装有补偿加热器及节电开关，用以在冬季对箱体加热，适当提高箱温，以解决冬季环境温度低，温控器不易动作使压缩机启动运行的问题。冬季若此开关未合上，就可能出现电冰箱制冷效果变差现象。

# 子任务二  制冷系统堵塞的故障分析及排除

## 一、任务描述

现有一台出现故障电冰箱，经初步判断故障为系统堵塞，请根据故障现象判断系统是冰堵还是脏堵，并排除故障。

## 二、任务分析

要想对出现堵塞的电冰箱进行维修，首先应根据故障现象判断堵塞原因，以确定是脏堵还是冰堵，针对堵塞部位进行维修，修复后运行试机，并做必要的性能检测。

## 三、相关知识

### (一) 脏堵分析

脏堵是指制冷系统中各种污物（焊渣、氧化皮和其他杂质）引起的系统堵塞。

产生的部位：在过滤器、毛细管进口处或中部。

产生的原因：管路焊接氧化皮脱落，压缩机机械磨损而产生的杂质，制冷系统未清洗干净。

干燥过滤器脏堵的外观现象：干燥过滤表面发冷、凝露或结霜，导致向蒸发器供给的制冷剂不足或致使制冷剂不能循环制冷。

干燥过滤器脏堵的判断方法为：压缩机启动运行一段时间后，冷凝器不热，无冷气吹出，手摸干燥过滤器，发冷、凝露或结霜，压缩机发出沉闷过负荷声。为了进一步证实干燥过滤器"脏堵"，可将毛细管在靠近干燥过滤器处剪断，如无制冷剂喷出或喷出压力不大，说明"脏堵"。这时如果用管子割刀在冷凝器管与干燥过滤器相接附近割出一条小缝，制冷剂就会喷射出来。此时，要特别注意安全，防止制冷剂喷射伤人。

毛细管脏堵的外观现象：毛细管脏堵有两种情况，一种是微堵，其现象是冷凝器下部汇集大部分的液态制冷剂，流入蒸发器的制冷剂明显减少，蒸发器内只能听到"嘶嘶"的过气声，有时听到间断的制冷剂流动声，蒸发器结霜时好时坏。另一种是全堵，其现象是蒸发器内听不到制冷剂的流动声，蒸发器不结霜。断开毛细管和干燥过滤器的接口处后，会看到制冷剂从干燥过滤器中喷出，即为毛细管脏堵。

### (二) 脏堵的排除方法

#### 1. 干燥过滤器脏堵的排除方法

干燥过滤器"脏堵"后，慢慢割断冷凝器与干燥过滤器连接处（防止制冷剂喷射伤人），再剪断毛细管，拆下干燥过滤器。因干燥过滤器修理比较困难，一般采用更换新的干燥过滤器为好。如一时没有新的干燥过滤器可供更换，可将拆下的干燥过滤器倒置，倒出装在里面的干燥剂，进行清洗干燥过滤器。过滤器内壁和滤网用汽油或四氯乙烯清洗，清洗并经干燥处理后使用。在更换干燥过滤器前，最好对蒸发器和冷凝器进行一次清洗。

#### 2. 毛细管脏堵的排除方法

对于轻微脏堵的毛细管，可用加热的方法，将毛细管内的脏堵物烧化。操作方法是：先要找到堵塞部位，观察何处结霜或结露，或用手触摸何处最凉，表明堵塞处就在此处前端，然后用气焊将毛细管与干燥过滤器割开，用气焊的碳化焰烘烤毛细管堵塞处，将脏物化为碳灰，用氮气加压 0.6～0.8MPa 吹通。吹通时，应用手按住放气口，然后迅速脱离，以增加对毛细管的冲力。对于严重脏堵的毛细管可考虑采取更换的方法。毛细管脏堵多出现在进口端，把毛细管的外漏部分全部换掉，多数情况下很有效。无论何种情况，在维修毛细管的同时都应更换干燥过滤器。

为防止产生脏堵现象，对电冰箱制冷系统在维修后，必须进行用干燥的氮气进行吹污处理。

### (三) 冰堵分析

产生的部位：在节流阀、毛细管出口处或中部。

产生的原因：①在加压试漏时，将空气中的水蒸气压缩成水，注入管道内造成冰堵；②蒸发器破损后，长期开机而将冷冻（藏）室中的水分子，连带空气中的水蒸气分子一并带入压缩机内（开机时蒸发器内产生负压，大气压力就将潮湿空气中的水分子带入机内）；③工艺管打开后未密封，又未及时修理。这种长期搁置的冰箱，加上偶尔开开机，空气中的水分就会从管口外带入机内。还有未密封又长期放置的压缩机，未经干燥处理就换到冰箱上去使用，也会造成冰堵；④制冷剂水分过多，充注会造成冰堵；⑤干燥过滤器老化失效，失去应有的干燥吸水功能。

干燥过滤器冰堵的判断方法为：电冰箱通电后，压缩机正常启动运行，如果制冷系统内制冷剂循环流动声音很弱或听不到流动的声音，用手摸干燥过滤器，其表面温度明显低于环境温度，甚至在干燥过滤器处结霜，但间隔一段时间后又能正常制冷，制冷一段时间后又出现上述现象，即为干燥过滤器冰堵。

毛细管冰堵的判断方法为：接通电源，压缩机启动运行后，蒸发器结霜，冷凝器发热，随着"冰堵"形成，蒸发器霜全部化光，压缩机运行有沉闷声，吹进室内没有冷气。停机后，用热毛巾多次包住毛细管进蒸发器的入口处，由于冰堵处融化后而能听到管道通畅的制冷剂流动声，启动压缩机后，蒸发器又开始结霜，压缩机运行一段时间后，又重复出现上述情况，即可确认制冷系统冰堵了。

（四）冰堵的排除方法

1. 排放制冷剂除水法

对于严重冰堵的设备，将其待机运行。在冰堵尚未出现以前，用利剪将连接干燥过滤端的毛细管划一道浅痕，然后将其折断，借压力迅速放出制冷剂。这时大量的水分可随制冷剂一起排出机外。再通过抽真空、管壁加热等措施，就能较快将机内水分排出机外。

这时一定要记住，千万不能在未放制冷剂前贸然使用氧气枪将管路烧开。因制冷剂对温度相当敏感，管内的制冷剂全受热剧烈膨胀，产生毁机伤人的事件。

若在零下 14~15℃ 出现冰堵，别慌着放制冷剂，可以先去休息一下，等上二十来个小时后再去开机，冰堵已不存在了。因为冰堵的地方就是一个储水器。而干燥过滤器除水防冰堵。冰堵解除的瞬间，冰堵的冰决绝对没有立刻溶化完。只有经过长期停机，再开机时，干燥过滤器才能吸收掉参与冰堵时的水分。

2. 加温排水法

将制冷剂回收或放光后，不断开机以提高压缩机温升，并在冷冻及冷藏室内多放一盆滚烫的热水。冷凝器则用电吹风不断加温。过一段时间后，再在工艺管处抽真空。

水在真空中 30 几度就沸腾汽化了。这样水蒸气将源源不断从机内抽出，从而达到机内水分排出机外的目的。

3. 干燥过滤器排水法

压缩机加热后，将干燥过滤器接毛细管端，在毛细管与过滤网之间钻一个 1mm 的小孔，再加热干燥过滤器，水分将不断在压缩机的压力下从小孔排出。工艺管处则源源不断地送入经过干燥过滤器干燥的新空气。

下一步就是关闭阀门，让压缩机自身抽真空，同时加热各处管路。直至所钻孔与大气压力相等，不再进出气。补上小孔，在机外再抽真空、充制冷剂、封口。

防冰堵不一定都要换新干燥过滤器，只要对它加温，将水分排除，经过这样的活化处理后，一般的干燥过滤器都可以重新使用。而所有的排水法中，干燥过滤器的干燥除水法，应该是每一件制冷设备在大修后，必须执行的例行步骤。

（五）干燥过滤器的更换

干燥过滤器的更换原则：由于过滤器是用来吸收制冷剂中的杂质和水分的，所以更换时应注意，在打开其包装袋后应尽快地焊接，以防空气中的水分进入，影响制冷效果。

（1）将原来的干燥过滤器从制冷管中拆除。

（2）将新的干燥过滤器焊接到冷凝器电路上。

（3）将毛细管与干燥过滤器焊接好，毛细管插入过滤器的深度要适当，若插入过深会触到过滤网，形成半堵塞影响制冷；若插入过浅，焊料会流入毛细管内造成端部堵塞。将毛细管插入时，在插入深度 15～20mm 处用色笔作好标志，然后将毛细管插入；也可在该处弯曲限位，焊接时要快，温度不可过高，否则毛细管会变形或损坏。

（六）毛细管的更换

1. 毛细管的更换原则

毛细管是制冷系统中重要的部件，它是一根细长紫铜管，其内径一般为 0.4～1mm，安装在干燥过滤器和蒸发器之间，毛细管容易发生的是堵塞故障，若遇到该类故障时不能随意截断毛细管，若无法用气流排出堵塞物时应更换新毛细管。换新毛细管时应注意原毛细管内径和长度，不得随意改变其内径和长度，更换后还必须试机观察，若效果不佳应根据实际情况进行处理。

2. 毛细管的选择

（1）把原毛细管整个取出，更换为与原毛细管相同内径、长度的新管即可。

（2）若无法知道原冰箱内的毛细管具体尺寸，或买不到原规格的毛细管，又需更换新的毛细管时，可采用以下方法确定具体尺寸，相关部件及仪表连接，如图 3-16 所示。

在待修电冰箱压缩机的工艺口上接一只修理三通阀和低压表，脱开冷凝器出口与过滤器焊接点，接入修理三通阀与高压表，在过滤器的出口处焊上待换的新毛细管，毛细管的另一端敞开。分别打开两只修理三通阀，启动压缩机。

空气由接在压缩机工艺口的修理阀吸入，从毛细管敞开的一端喷出。当接工艺口的低压表压力与大气压力相等时，接在冷凝器出口和过滤器间的高压表压力应保持在 1～1.2MPa。如果高压表压力过高，可将毛细管适当截去一段；如果高压表压力过低，则应换用更长或内径更小的毛细管。如果相差不大，也可将毛细管盘成螺旋的弹簧状，盘的直径越小，圈数越多，则管内流动阻力越大，高压越高，这样也能调节毛细管的供液量。通常新换毛细管应选

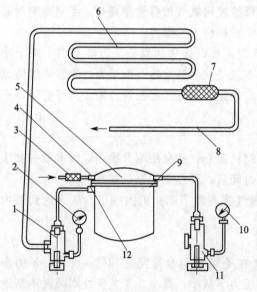

图 3-16　毛细管流量测定示意图

1—高压侧修理阀；2，10—压力表；3—修理用干燥过滤器；4—吸气管口；5—压缩机；6—冷凝器；7—系统干燥过滤器；8—毛细管；9—工艺管口；11—低压侧修理阀；12—排气管扣

择稍长一些的，这样便于调整。

上述方法适用于采用往复式压缩机的电冰箱。对于采用旋转式压缩机的电冰箱，则需将压缩机吸气口脱开，接入修理三通阀与压力表，而不要打开工艺口。

3. 毛细管的安装方法

毛细管的孔径、长度选定后，要全面检查有无表面伤痕。毛细管的两端在焊接前，要将管口加工成30°的斜面，以增大制冷剂进出的面积，以利于制冷剂的流动。再用高压氮气进行吹污处理，确保管内没有脏物，才能焊接。毛细管与制冷系统的连接随机型各异，在单回路制冷系统中，毛细管进口与干燥过滤器出口焊接，毛细管的出口与蒸发器入口焊接，毛细管插入蒸发器进口管的深度以30mm为宜。双回路制冷系统有两根毛细管，分别焊接在电磁阀与蒸发器之间。

（七）维修案例

**案例 1**

故障现象：一台电冰箱温控器转到强冷位置时，蒸发器化霜，箱温回升；过一段时间后制冷恢复正常，此现象反复出现。

故障分析：电冰箱制冷与不制冷交替进行，可能是制冷系统出现了冰堵。如果温控器处于弱冷位置，由于箱内温度较高，开机短时间后，毛细管还未完全冰堵，压缩机就已停机，故障现象还不十分明显；如果温控器调至强冷，制冷时间长，制冷系统中的水分形成冰堵的现象就十分突出了。

故障维修：用两次抽真空法排除冰堵，会增加制冷剂的用量，不经济。可以采用另一种方法去除水分，割断压缩机的工艺管，放制冷剂，接上修理阀与制冷剂钢瓶。烤化压缩机排气口与高压管的焊缝；启动压缩机，几分钟后再把高压管浸入装有5mL左右甲醇的杯中，待甲醇被全部吸入制冷系统后，用橡皮塞将高压管堵住。再过几分钟，甲醇便从压缩机的排气口中排出，并把水分也一起带出。当排气口无气体排出时，随即用橡皮塞塞住。停机后，制冷系统就处于真空状态。打开修理阀，注入适量的制冷剂为防止空气进入制冷系统，将压缩机排气管与高压管上的塞子拔去并对接焊好。充注制冷剂至规定量后，封死工艺管。试机，电冰箱制冷恢复正常。

**案例 2**

故障现象：一台电冰箱干燥过滤器刚换不久，但电冰箱制冷效果不好，压缩机运转不停。

故障分析：用手摸冷凝器，上面热而下面冷，干燥过滤器也很凉，且与之相连的毛细管有一小段凝露，这是干燥过滤器或干燥过滤器与毛细管连接段堵塞的特有现象。割开压缩机工艺管，有大量制冷剂气体喷出，说明制冷剂并没泄漏，接上修理阀，充氮气至0.3MPa，然后关闭修理阀，启动压缩机，真空压力表显示压力值很小，说明干燥过滤器的确发生堵塞。由于干燥过滤器刚换过，可能是焊接时引起的堵塞。

故障维修：烤化干燥过滤器与冷凝器、毛细管的接头焊缝，发现毛细管插入过滤器的深度太深了，几乎碰到了干燥过滤器的过滤网，使得分子筛颗粒进入毛细管引起了堵塞。把冷凝器出口封死，在压缩机工艺管上接修理阀及氮气瓶，向制冷系统中充入0.6MPa的氮气，由低压端往蒸发器与毛细管进行逆向吹除，使脏物从毛细管入口端吹出。更换干燥过滤器重新焊接时，应注意毛细管在上位，冷凝器管在下位，且毛细管口离过滤网距离以5mm为宜。然后焊接好后，经检漏、抽真空、充制冷剂后，电冰箱制冷恢复正常。

## 四、任务实施

（一）工具和设备的准备

1. 制冷效果差的电冰箱或空调冰箱组装与调试实训考核装置。

2. 电冰箱常用检测仪表、工具、设备和材料。

（二）任务实施步骤

1. 观察电冰箱出现的故障现象。

2. 根据故障现象判断是脏堵还是冰堵。

3. 确定脏堵或冰堵部位。

4. 确定排除方法，对损坏部件进行更换。

5. 运行试机。

（三）注意事项

1. 此任务的综合性很强，在实训过程中，应始终综合考虑产生故障的原因，根据故障现象逐一分析，用排除法确定故障点。

2. 电冰箱常用检测仪表、工具、设备的使用应严格遵守其安全操作规程。

3. 进行工艺管切割操作时，注意不要将制冷剂喷到手上，以免冻伤。

4. 电冰箱修复后应做必要的性能检测，以便检查修理质量是否符合要求。

## 五、知识拓展

电冰箱故障分析速查表见表 3-3。

表 3-3  电冰箱故障分析速查表

| 故障现象 | 原 因 分 析 | 排 除 方 法 |
|---|---|---|
| 通电后压缩机不能启动，也无响声 | 1. 电源线、插头、熔断器等线路中断或连接处松脱<br>2. 启动继电器损坏<br>3. 过载保护器触点未闭合，或电热丝烧断<br>4. 温控器失灵，触点未闭合或接触不良，感温包内的感温剂泄漏<br>5. 电动机故障，电动机引出线与机壳内接线柱脱落，压缩机接线端子上有绝缘物或接线盒没有插紧 | 1. 检修电路排除故障，更换熔断器，若松脱需插紧或焊牢<br>2. 检修或更换启动继电器<br>3. 更换过载保护器<br>4. 更换温控器或检修触点，调整触点位置，给感温包充加感温剂<br>5. 打开机壳检查电动机，接好电动机引线，清除压缩机接线端子上的绝缘物，插紧接线盒 |
| 通电后压缩机不能启动，只听到嗡嗡声 | 1. 电源电压过低<br>2. 启动继电器未闭合，或触点接触不良，或启动继电器与压缩机不匹配<br>3. 电动机启动绕组断路或短路<br>4. 电容器断路或短路<br>5. 有漏电造成电压降过大<br>6. 压缩机磨损或润滑不好<br>7. 压缩机负荷过重，充灌制冷剂过多，高压压力过高，如制冷系统堵塞或停机时间过短就启动压缩机 | 1. 测量电压，其值不应低于额定值 15%<br>2. 检修启动继电器，或选用匹配的启动继电器<br>3. 更换压缩机或开壳重绕启动绕组<br>4. 检测和更换<br>5. 找出漏电原因，并排除<br>6. 更换压缩机，或开壳维修，充注冷冻机油<br>7. 减少制冷剂，排除堵塞故障，减小高、低压压差后再启动 |

| 故障现象 | 原 因 分 析 | 排 除 方 法 |
|---|---|---|
| 压缩机刚启动,过载保护器即动作,导致停机 | 1. 电源电压过高<br>2. 启动继电器触点粘连<br>3. 电动机运行绕组局部短路或定子和转子间隙不均匀<br>4. 压缩机的运动部件装配过紧,运转后形成热态抱轴<br>5. 制冷系统中含有空气或环境温度太高 | 1. 测量电压,配置交流稳压电源<br>2. 检修或更换<br>3. 打开机壳检修电动机或更换压缩机<br>4. 更换压缩机<br>5. 排除空气,或改善散热条件或降低环境温度 |
| 达不到设定温度就停机或压缩机过热 | 1. 压缩机润滑不良<br>2. 压缩机工作压力过高或系统内有空气<br>3. 制冷剂不足,制冷量低<br>4. 电动机绕组短路或接地<br>5. 压缩机排气阀片破裂,或排气管有漏孔<br>6. 毛细管发生冰堵或脏堵 | 1. 添加冷冻机油<br>2. 检查高低压力,若过高就要放掉少量制冷剂或排除空气<br>3. 充灌制冷剂<br>4. 更换压缩机或重绕电动机绕组<br>5. 更换或开壳维修压缩机<br>6. 清除制冷系统水分,拆下毛细管清污 |
| 压缩机启停频繁 | 1. 电源电压过高或过低<br>2. 温控器开停温差调得过小或者跳动弹簧失灵<br>3. 温控器感温点选择不合适<br>4. 过载保护器的双金属片失灵,使触点频繁动作<br>5. 冷凝器散热效果差 | 1. 测量电压,配置交流稳压电源<br>2. 调整温控器或更换<br>3. 调整温控器感温点<br>4. 调整双金属片或更换过载保护器<br>5. 改善冷凝器散热条件 |
| 压缩机运转不停或运转时间较长 | 1. 磁性门封不严<br>2. 冷冻室和冷藏室放入的食物过多<br>3. 有轻轻的泄漏,蒸发器有局部结霜<br>4. 冰箱周围空气不流通<br>5. 温控器失灵或控制点漂移<br>6. 温控器的感温管没有被卡紧在蒸发器的表面上<br>7. 电冰箱的门开关频繁<br>8. 融霜不好,蒸发器大量积霜 | 1. 更换或整修门封条<br>2. 不能使冰箱的贮存食物量大<br>3. 检漏,充灌制冷剂<br>4. 调整冰箱放置位置,使空气有足够的对流间隙<br>5. 检修或更换温控器<br>6. 把温控器的感温管与蒸发器贴紧<br>7. 减少开门次数<br>8. 检查各种电热丝是否导通,发现断线要更换,融霜定时器及融霜温控器不好也要更换,要检查熔断器是否完好 |
| 压缩机运转时噪声大 | 1. 箱体未放平<br>2. 接水盘振动<br>3. 间冷式冰箱风扇与其他部件碰撞<br>4. 压缩机机壳与箱底盘接触<br>5. 管道与箱体或管道与管道之间碰撞<br>6. 压缩机高压缓冲管断开 | 1. 进行调整<br>2. 移动位置并垫上软泡塑料<br>3. 调整风扇<br>4. 更换压缩机减振胶圈<br>5. 高速管道位置<br>6. 更换或开壳维修压缩机 |
| 压缩机工作时间长,蒸发器表面只有水珠凝结,或蒸发器前半部分结霜 | 1. 毛细管过长或过短,使低压过低或过高<br>2. 管路漏气,制冷剂不足<br>3. 压缩机阀片破裂,有脏物,或气阀关闭不严,使排气能力下降<br>4. 干燥过滤器或毛细管堵塞 | 1. 调整毛细管的长度<br>2. 检漏,充灌制冷剂<br>3. 更换压缩机或开壳维修<br>4. 更换干燥过滤器或毛细管 |
| 制冷效果差,结冰慢 | 1. 冷凝器表面灰尘积聚过多,散热不好<br>2. 箱内存放食物过多<br>3. 空气不流通,太阳直射或附近有热源<br>4. 蒸发器上结霜过多<br>5. 轻微泄漏<br>6. 温控器动作不良<br>7. 干燥过滤器或毛细管堵塞<br>8. 压缩机运转时风扇电动机不转<br>9. 门封条扭曲或破损导致冷气外漏 | 1. 清洗冷凝器<br>2. 适当减少存放食物<br>3. 将电冰箱放在通风凉爽的地方<br>4. 按时除霜<br>5. 检漏,充灌制冷剂<br>6. 更换温控器<br>7. 更换干燥过滤器或毛细管<br>8. 检查风扇电动机有无绕组断线、轴烧坏、结冰固化,还要检查门开关机构的动作,不好要更换<br>9. 修理或更换门封 |

| 故障现象 | 原因分析 | 排除方法 |
|---|---|---|
| 冷藏室温度太低 | 1. 间冷式电冰箱风门控制调置在冷点<br>2. 直冷式电冰箱温控器调置在最冷点,或放在速冻挡<br>3. 风门关不上<br>4. 风门控制器(感温系统)损坏<br>5. 加热器损坏 | 1. 调整风门温度控制位置<br>2. 调整温控器旋转位置<br><br>3. 排除障碍物<br>4. 检修或更换控制器<br>5. 更换加热器 |
| 冰箱能制冷,箱内照明灯不亮或不灭(箱门关上时) | 1. 不亮可能是接触不良,回路断线或灯泡损坏<br>2. 不灭可能是门灯开关损坏或门灯开关位置不当 | 1. 用万用表查出断路处加以修复以及更换灯泡<br>2. 更换门灯开关或调整门灯开关的位置 |
| 接通电源,熔断器熔断 | 1. 压缩机插头接线端子、电动机短路或接地<br><br>2. 启动电容器损坏<br>3. 启动继电器触点粘连或接触不好<br>4. 电路中有接地或短路处<br>5. 照明灯灯座短路 | 1. 用汽油去污垢,再用干布擦干净,或重绕电动机绕组<br>2. 更换启动电容器<br>3. 检修或更换启动继电器<br>4. 用万用表查出进行修复<br>5. 更换灯座 |
| 箱体漏电 | 1. 温控器、照明灯、门灯开关等受潮而引起漏电<br>2. 继电器接线螺钉碰到机壳短路而漏电<br>3. 因电动机绕组绝缘层损坏、短路而漏电<br>4. 机壳接线端子与机壳相碰而漏电 | 1. 进行干燥防潮处理<br>2. 检查调整接线螺钉<br>3. 更换压缩机或打开机壳重绕电动机绕组<br>4. 检查修理机壳接线端子 |
| 外壳凝露滴水 | 1. 门封条有损坏或有间隙<br>2. 外界使用环境湿度过高<br>3. 防露装置失效<br>4. 保温层受潮或破损 | 1. 更换或调整门封条<br>2. 移到通风好、湿度低的地方使用<br>3. 检查,更换<br>4. 检查,修复 |

# 学习情境四

## 分体式空调器的安装调试

【情境导学】 我国家用空调器特别是分体式空调器的市场需求在迅速扩大，因此，空调器的安装调试工作也就成了家用空调器使用中的重要一环。本学习情境共2个工作任务，通过对空调器的安装调试掌握空调器的安装工艺，安装调试方法及注意事项，并了解空调器安装过程中所使用的工具。

【知识目标】

1. 了解空调器的结构，加深理解分体式空调器的工作原理。
2. 掌握空调器的安装工艺。
3. 掌握空调器安装方法及注意事项。
4. 掌握空调器控制电路的连接方法。
5. 掌握空调器的调试方法。

【能力目标】

1. 能正确使用空调器的安装工具，并完成空调器的安装。
2. 能正确使用空调器的调试工具，并完成空调器的调试。

# 任务一　分体式空调器安装

## 一、任务描述

对 KFR-35GW/U 型号空调器的室内机、室外机、管组等部件进行安装。其见图 4-1。

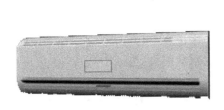

图 4-1　KFR-35GW/U（DBPZXF）型号空调器

## 二、任务分析

空调器的安装除熟悉空调器各部件的名称及位置，还需学习空调器的安装工艺。根据空调器的型号及房间结构，选择空调器的安装位置，开箱试机后，正确使用工具进行安装，并注意安全。

### 三、相关知识

（一）分体式空调器的安装方法

1. 安装位置的选择

（1）选择坚固不易受到震动，且足以承受机组重量的地方。

（2）室内、外机周围应保留合适的空间（具体的尺寸要求见图 4-2），以利于空气流动。

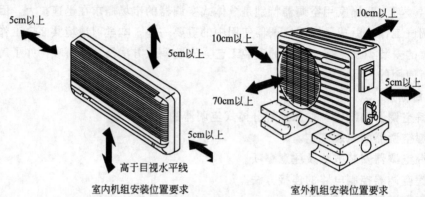

5cm以上

5cm以上

10cm以上

10cm以上

5cm以上

70cm以上

5cm以上

高于目视水平线

室内机组安装位置要求

室外机组安装位置要求

图 4-2　室内、外机安装尺寸要求

（3）机组应远离各类电器、热源 2m 以上的地方。

（4）儿童不易触及的地方。

（5）应尽量使室内、外机保持最近，连机管尽量短。

（6）电源容量应足够，接地可靠。

（7）室内、外机的排水不得影响到下面住户。

（8）室内机下方应尽可能避开电视机、音响、电脑等高档家用电器。

（9）室内机应选择可将冷热风均匀送到室内各个角落的地方。

（10）内外机周围应保留足够空间，以利空气流动。

（11）室外机应装在不影响左邻右舍的地方。

（12）室外机选择不易受到雨淋或阳光直接照射及通风良好的地方。

（13）保证空调维护、检修方便的地方。

（14）一楼临街安装室外机不得低于 2.5m。

（15）室外机安装墙面应坚固结实，具有足够的承载能力。

2. 电源检查

（1）检查用户家电源电压。

（2）空调电源应用专用分支电路，并保证整个供电部分（分支线路、电源线、电表、空气开关等）的容量大于空调最大额定电流。

（3）电表容量应足够大。

（4）建议用户为空调配专用空气开关与漏电保护器等保护装置。容量应满足空调需要。

3. 开箱试机

（1）打开机组包装箱，取出随机附件、连接线。

（2）检查内、外机组外观有无损伤或其他异常现象。

（3）检查随机附件是否齐全且无损坏。

（4）安装前必须单独给室内机通电试机，观察各部件是否运转良好。

4. 室内机安装

（1）根据选择的室内机安装位置和管路走向固定挂墙板。

（2）首先用一个钢钉将挂墙板固定在墙面上，用水平仪找出水平后，再将挂墙板四个脚用钢钉将其完全固定牢固。

（3）根据挂墙板的位置选择穿墙孔的位置，打一个直径为 60～70mm 的孔，保证顺利穿管（注意：为有利于室内机排水，室内机须略高于穿墙孔，同时保证穿墙孔向外向下倾斜。墙孔室内外高度差应大于 50mm 以上）。

（4）用冲击钻打孔时，必须使用无尘工具并采取防尘措施；打孔前应将附近的物品、电器搬走并用专用盖布盖在其上面接住灰尘。

（5）将室内机"挂"在挂墙板的止扣上，左右移动一下机体，检查其固定是否牢固。其见图 4-3。

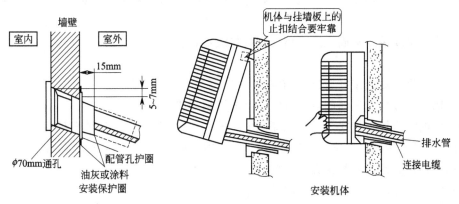

图 4-3　室内机的安装

5. 室外机安装

（1）选择室外机的安装位置。

（满足安装位置选择外，还应考虑制冷制热需要，北方宜选阳面，南方宜选阴面。单冷机型应放阴面）。

（2）根据选择好的位置，用膨胀螺栓将支架固定在外墙上。

（3）将减震胶垫套在室外机底角上，将排水弯头和排水软管装在室外机底部。

（4）将室外机小心搬到室外放在支架上，并用四个直径 10mm 的底角螺栓固定牢固（注意：二楼以上户外作业安装人员必须系安全带，室外机也必须用绳索捆住后再放到室外）。

6. 穿管

（1）将连机线连同连接管、排水管捆扎在一起。

（2）穿管时要有防止喇叭口损伤及防止泥沙进入连机管的防护措施。其见图 4-4。

7. 连机

（1）将冷冻油均匀、光滑地涂抹在连接管二、三通阀的接头与喇叭口上。

（2）将连接管喇叭口与接头处在同一直线上，用手仔细将螺母拧到底，再用扳手将其拧紧。

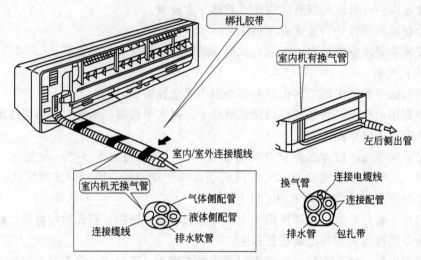

图 4-4  管路捆扎及穿管

（3）拆下室外机接线端盖、线夹，将连机线对色号标示入座，当裸线部分完全插入后再用螺丝压紧。

（4）将连机线用线夹固定后，再固定好接线端盖。

8. 排空

（1）内外机管路连接好后进行排空。

（2）取下室外机二三通阀帽，将粗管上的连接帽松动。

（3）用内六角扳手拧松二通阀阀芯 90°，排气约 B 秒后（各机型 B 秒时间参见相关资料），拧紧气管连接帽，关紧二通阀，进行一次"检漏"工序（不开机状态）；顶住三通阀顶针，气体由顶针处排出，直至无气体排出，放开顶针。

（4）将二三通阀上阀帽及充气阀帽拧紧。

（5）用内六角扳手按逆时针方向将二三通阀打开。

9. 检漏

（1）用海绵块蘸上肥皂水或用检漏仪，检查内外机的各个接口及检修阀，每处停留不得少于 3min（注意：夏季应在停机状态下初检漏后，开机制冷降温后再转制热运行检漏，冬季应在制热运行中检漏）。

（2）对有泄漏的接口应重新进行处理。

10. 走管包扎和堵墙孔

（1）整理连接管路。

（2）弯管时应使用弯管器，弯成 90°，如不用弯管器，弯管时的弯曲半径尽可能大一些，以防管子折扁或破裂。

（3）将连接管和连机线包扎在一起，包扎方向应由室外机向室内机，以防雨水进入管路影响管温和绝缘。

（4）室内机管路接头处应单独采取保温处理。

（5）管路包扎完毕后，用管夹每隔 1m 固定在墙上。

（6）用和好的石膏或随机带的油灰将内外墙的孔堵好，防止雨水和风进入室内，并使其尽量与墙边和谐。

11. 试机前检查

（1）检查线路是否接好，特别注意连接线应对应接线，各压线部分的裸线是否全部压紧。

（2）检查室内外机组安装是否牢固。

（3）检查电源插头是否接插牢固。

12. 试机检查

（1）检查室内外机有无明显噪声，机体抖动是否正常，如有噪声或抖动不正常，应及时按维修工艺调试，修理正常。

（2）检查室内机进出风温差，冬季应大于 18℃，夏季应大于 10℃（开机 30min 后）。

（3）检查室内机出水是否顺畅，可用水从室内机蒸发器淋下，检查出水情况。

（二）工具的使用方法

1. 冲击钻

冲击钻是用来在混凝土地板、墙壁、砖块、石料、木板和多层材料上进行冲击打孔，供膨胀螺栓或空调的管道、导线、排水管窗墙孔使用。

（1）用右手握住电钻带有开关的手柄，再用左手握住并扶正电钻左侧的手柄。

（2）打孔操作时的人体姿势应是身体上部重心前倾与水平成 85°，用右手握住开关的手柄，将电钻扩孔器由水平向上提高 5°后用由上向下的推力打孔，并且给左侧手柄一个水平固定力。其见图 4-5。身体下部姿势见图 4-5(b) 和（c）左腿在前，右腿在后成弓字步，在打孔过程中，要及时清除钻孔内的灰尘，遇到墙体湿度大或电锤用力不均匀，扩孔器与墙孔不同心时，粉尘与墙孔会卡住扩孔器随即发生电钻的整体顺时针方向很大的扭矩力，应迅速将手松开电锤手柄上的开关，以防止电锤产生扭矩后造成击伤牙齿或脸部。当接近打透墙孔前听其声音判断，轻轻用力推动直至打通墙孔。其见图 4-5。

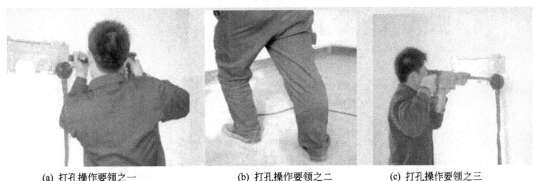

(a) 打孔操作要领之一　　　　(b) 打孔操作要领之二　　　　(c) 打孔操作要领之三

图 4-5　冲击钻的使用方法

2. 水平仪

水平仪是一种测量小角度的常用量具。在机械行业和仪表制造中，用于测量相对于水平位置的倾斜角、机床类设备导轨的平面度和直线度、设备安装的水平位置和垂直位置等，尺式水平仪操作方法见图 4-6。

3. 安全带

空调使用的安全带属于悬挂式安全带，其技术参数，检验、检测标准按照《安全带国家标准》执行。其见图 4-7、图 4-8。

室内机挂墙板检测方法　　　　　室外机支架固定位置后的检测方法

室外机支架固定过程使用水平仪检测步骤

图 4-6　尺式水平仪操作方法

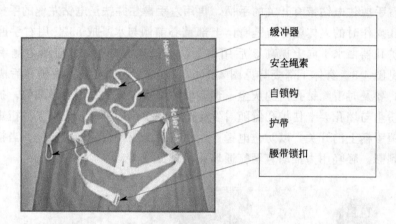

| | 缓冲器 |
| --- | --- |
| | 安全绳索 |
| | 自锁钩 |
| | 护带 |
| | 腰带锁扣 |

图 4-7　安全带结构

步骤1　　　　　　步骤2　　　　　　步骤3

图 4-8　安全带的使用方法

## 四、任务实施

（一）工具和物料的准备

在空调器的安装前，需准备好一些安装工具和所需物料，如表 4-1、表 4-2 所示。

表 4-1 工具列表

| 类别 | 序号 | 工具名称 | 数量 | 备注 |
|---|---|---|---|---|
| 普通工具 | 1 | 平口螺丝刀 | 1把 | 必备 |
| | 2 | 十字螺丝刀 | 2把 | 必备 |
| | 3 | 活扳手 | 2把 | 必备 |
| | 4 | 呆扳手 | 2把 | 必备 |
| | 5 | 锤子 | 1把 | 必备 |
| | 6 | 尖嘴钳 | 1把 | 必备 |
| | 7 | 钢丝钳 | 1把 | 必备 |
| | 8 | 油泥刀 | 1把 | 必备 |
| | 9 | 卷尺 | 1个 | 必备 |
| | 10 | 锉刀 | 1把 | 必备 |
| | 11 | 内六角扳手 | 1把 | 必备 |
| | 12 | 测电笔 | 1个 | 必备 |
| | 13 | 电工刀 | 1把 | 必备 |
| 专用工具 | 14 | 水钻或冲击钻、加长杆、无尘设备 | 1套 | 必备 |
| | 15 | 割管器 | 1把 | 必备 |
| | 16 | 水平尺 | 1把 | 必备 |
| | 17 | 悬挂式双背安全带 | 1套 | 必备 |
| | 18 | 弯管器 | 1套 | 建议使用 |
| | 19 | 绞刀 | 1把 | 必备 |
| | 20 | 制冷剂钢瓶 | 1台 | 必备 |
| | 21 | 电子秤 | 1台 | 必备 |
| | 22 | 焊具、焊条 | 1套 | 加长管时使用 |
| | 23 | 真空泵 | 1台 | 无氟空调使用 |
| | 24 | 检漏仪 | 1台 | 需精确检漏时选用 |
| 检测仪表 | 25 | 万用表 | 1个 | 必备 |
| | 26 | 压力表 | 1个 | 必备 |
| | 27 | 温度计 | 1个 | 必备 |
| 其他工具 | 28 | 绳索 | 1根 | 必备 |
| | 29 | 肥皂 | 1块 | 必备 |
| | 30 | 矿泉水瓶 | 1个 | 必备 |
| | 31 | 导水管 | 1根 | 必备 |
| | 32 | 海绵块 | 1块 | 必备 |
| | 33 | 垫布、鞋套、抹布 | 1套 | 必备 |

表 4-2 常用物料

| 序号 | 名称 | 数量 | 备注 |
|---|---|---|---|
| 1 | 防水胶带 | | 必备 |
| 2 | 不粘胶带 | | 必备 |
| 3 | 石膏粉或油泥 | | 必备 |
| 4 | 膨胀螺栓 | ≥4个 | 必备 |
| 5 | 底角螺栓 | ≥4个 | 必备 |
| 6 | 塑料胀塞 | ≥5个 | 必备 |
| 7 | 管夹 | | 必备 |
| 8 | 冷冻油 | | 必备 |
| 9 | 签字笔,铅笔 | 2支 | 必备 |
| 10 | 水泥钢钉 | ≥5个 | 必备 |
| 11 | 过墙螺栓 | ≥4个 | 建议在100~150mm壁厚的墙体上使用,过薄时尽量挂在别的墙体上,螺栓长度可根据墙壁厚选择 |
| 12 | 铜管 | | 需要加长时使用 |

续表

| 序号 | 名　称 | 数　量 | 备　注 |
|---|---|---|---|
| 13 | 排水管 | | 根据用户需要选用 |
| 14 | 电源线 | | |
| 15 | 插头 | | |
| 16 | 空气开关 | | |
| 17 | 室外机固定支架 | | |
| 18 | 加长螺钉 | | 墙体上有保温层时使用 |

（二）家用空调器安装工艺流程图

家用空调器的安装要按照一定的工艺流程来进行（见图4-9）。

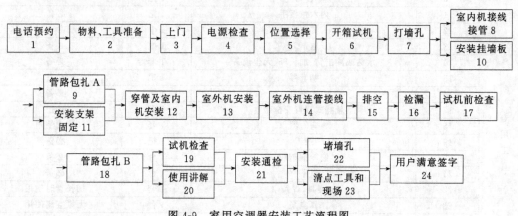

图4-9　家用空调器安装工艺流程图

（三）注意事项

1. 安装时，一定要注意空调器室内外机组的连接管道的盘结与展开时的操作，要小心不要造成连接管道出现压瘪或死弯现象。

2. 连接管拆卸后应将连接管喇叭口、铜螺母和高低压截止阀阀口密封好以防脏物灰尘进入制冷系统引起"脏堵"。

3. 安装后，要仔细进行系统检漏。

# 五、知识拓展

## 空调安装的行为规范及安全施工规定

（一）安装行为规范

（1）出发前应自检：工具箱、垫布干净；工具箱内工具整齐，零部件放置整齐，且不出现遗漏、错误；穿工作服，干净整洁、无破损，仪容仪表整洁。

（2）敲用户家门前，要检查和整理自己的仪容仪表；敲门，见到用户要问好，出示上岗证、自我介绍，文明交流；进门时要穿鞋套。

（3）举止文明有修养，作到有礼有德。

（4）放置工具箱：在用户要安装空调的房间，找一个合适的位置放置工具箱，先取出垫布铺在地上，然后将工具箱放在垫布上。

（5）安装后将安装工具收齐，不要遗漏。

（6）清扫安装现场，将移位的物品归位。

（7）离开用户家时向用户致谢。

（二）安全施工规定

（1）服务单位应保证本单位服务人员在施工过程中采取有效的人身安全保障措施。

（2）服务单位须选择坚固、不易受到振动、足以承受机组重量的地方作为安装位置，并且避开存在可燃性气体的地方，避免发生火灾。

（3）服务人员在二层以上建筑安装空调室外机或进行移机操作时，必须使用足够强度的绳索系牢室外机，防止机器高空滑落。

（4）高层施工应对建筑外使用的工具材料实行防坠落措施。

（5）服务单位应保证室内外机安装牢固、稳定、可靠。室外机在一楼安装时，安装高度应高于地面2.5m，若须在地面安装要加装安全防护网。

（6）安装单位在安装完毕后，必须进行电气安全检查。电气接线必须符合国家安全标准，保证不发生漏电。

（7）在安装过程中如需改装电源，必须经过用户的同意并由具备电工证的人员施工，施工结果必须符合国家有关电器安全的标准。

（8）服务人员在试机前应对电源进行确认，保证符合机器的使用要求。

（9）服务人员在进行试运行时，必须对机壳各部位进行检查，若有漏电现象应立即停机进行检查。确属安装问题应解决后再次进行试运转，直至空调器运转正常。

（10）服务人员在安装维修时发现用户的电源存在安全隐患，必须向用户提出，并采取一定的解决措施。

（11）服务人员在拆装机壳及带电部件前，必须将电源断掉，避免发生触电。

（12）服务人员在使用焊接工具时必须严格遵守国家的有关部门规定，并由持有劳动部门颁发的操作证的人员进行。

（13）服务人员在压磅检漏时，必须使用氮气进行压磅，严禁使用其他易燃易爆气体。

（14）服务人员在维修过程放氟时，不得面对工艺口或对着他人放气，避免被氟里昂冻伤。

（15）服务人员在安装维修空调时应保证空调器使用时不危害他人的安全。

（16）服务人员安装过程中需要小心操作，避免出现滑倒、割伤、划伤、蹭伤、烧伤、触电、坠落等意外事故，在焊接时注意保护眼睛。

（17）服务人员上门服务需注意交通安全。

# 任务二　分体式空调器控制电路连接与调试

## 一、任务描述

根据图4-10，对分体式空调器的控制电路进行连接，连接后运行空调器，检测其性能是否正常。

## 二、任务分析

要想对分体式空调器的控制电路进行连接，首先要读懂控制电路图，熟悉电路各元器件的名称、结构及作用，连接后会对空调器进行性能测试，检验控制电路连接的正确性。

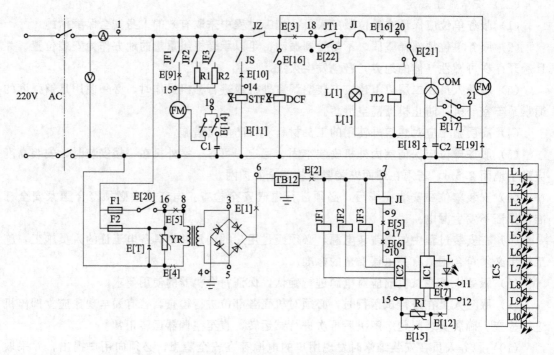

图 4-10　分体式空调控制电路图

## 三、相关知识

（一）空调器控制系统中的主要电器元件

空调器的常用电器元件一般有电动机、继电器、温控器、电容器、熔断器等，用以控制、调节空调器的运行状态，保护空调器的安全运行。

1. 电动机

空调器中的压缩机、风扇等器件用电动机驱动，小型家用分体式空调器都用单相异步电动机，容量较大的柜式空调器多用三相异步电动机，摇风装置和电子膨胀阀多用微型同步电动机或步进电动机。

2. 启动继电器

启动继电器是单相异步电动机启动的专用部件。依据工作原理可分为电流型启动继电器和电压型启动继电器。

（1）电流型启动继电器的结构及工作原理如图 4-11 所示。其线圈与压缩机电动机的主绕组串联，平时电触头处于常开状态。压缩机刚启动时，启动电流很大，启动继电器线圈会产生足够大的电磁力使衔铁向上动作，动、静触头闭合。随着电动机转速的升高，电流下降，线圈对衔铁的电磁力减少，衔铁下落，触头断开，则完成了一次启动动作。

（2）电压型启动继电器的结构及工作原理如图 4-12 所示。这种启动继电器的线圈与压缩机电动机的副绕组并联，常闭触头与启动电容串联。加在启动继电器线圈两端的电压随着电动机转速的增加而增加。当电动机接近工作转速时，线圈上的电压使线圈具有足够的吸力吸引衔铁，使常闭触头跳开，启动电容从电路中断开。当电动机停止转动时，在启动继电器内部弹簧的作用下，常闭触头闭合。

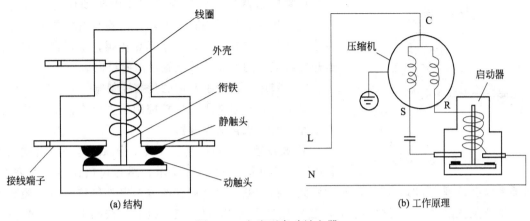

图 4-11　电流型启动继电器

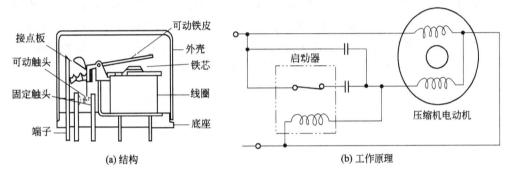

图 4-12　电压型启动继电器

3. 过载保护器

过载保护器可防止电动机过载烧坏，一般兼有温度保护和电流保护双重功能，它安装在压缩机的外壳上，当压缩机超负荷运行或空调器工作时的环境温度超过 43℃ 时，保护器就自动切断电源，使压缩机停止运转。

4. 主控开关

主控开关也称主令开关或选择开关，通常安装在空调器控制面板上。它是接通压缩机、风扇或电热器的电源开关，也是切换空调器运行状态的选择开关。

5. 温控器

温度控制器简称温控器。空调器中的温度控制器可对房间的温度进行自动控制，使空调器房间的温度保持在某一个范围内。空调器上常用的温控器为电子式温控器。这种温控器通常以具有负温度系数的热敏电阻作为感温元件，并与集成电路配合使用。

6. 化霜控制器

（1）功能

一般制冷型空调器没有这个部件，对于热泵型空调器冬季制热时，由于室外温度较低，蒸发器表面温度可达 0℃ 以下，蒸发器表面可能结霜，厚霜层会使空气流动受阻，影响空调器的制热能力。除霜的方法一般有两种：一是停机除霜，使霜自己融化，这种方式在温度较低时不行，且融霜时间较长；二是制热除霜，即换向阀改向，使室外侧的蒸发器转为冷凝器。

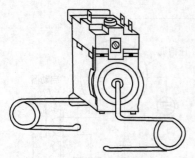

图 4-13  波纹管式化霜控制器外形图

化霜控制器也是利用温度控制触头动作的一种电开关，它是热泵制热时去除室外热交换器盘管霜层的专用温控器。其化霜方式一般为逆循环热化霜，即通过化霜控制器开关触点的通、断，使电磁换向阀换向。

（2）家用空调器上常用的化霜控制器

家用空调器上常用的化霜控制器主要有波纹管式、微差压计和电子式化霜控制器。

① 波纹管式化霜控制器。其工作原理与波纹管式温控器相同，其外形如图 4-13 所示，感温包贴在蒸发器表面，当感受温度达到 0℃时，将换向阀的线圈电路切断，将空调器改成对室外制热运行。经除霜后、室外蒸发器表面温度逐渐上升，当感温包达到 6℃时，接通换向阀线圈电路，又恢复对室内的制热循环。在化霜期间，室内风机停转。

② 微差压计化霜控制器。它利用微差压计感受室外热交换器结霜前后的压差来自行控制。如图 4-14 所示，高压端接在室外热交换器的进风侧，低压端接出风侧。热交换器盘管结霜后，气流阻力增加，前后压差发生变化，从而接通化霜线路，使电磁换向阀换向化霜。这种化霜方式仅与盘管结霜的程度有关，因而化霜性能好。

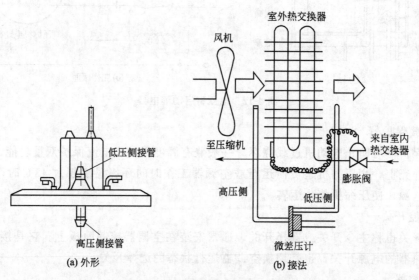

(a) 外形          (b) 接法

图 4-14  微差压计化霜控制器

③ 电子式化霜控制器。电子式化霜控制器是通过温度和时间两个参量来控制化霜的。它先通过热敏电阻来感受室外热交换器盘管表面的温度，并以此来控制电磁换向阀的换向；同时，通过集成电路来控制化霜的时间。若热泵型空调器还配有辅助电热器，化霜期间还可以在集成电路的控制下，启用电热器，并向室内吹送热风。

7. 压力控制器

压力控制器又称压力继电器，它是监测制冷设备系统中的冷凝高压和蒸发低压（包括油泵的油压），当压力高于或低于额定值时，压力控制器的电触头切断电源，使压缩机停止工作，起保护和控制作用。

压力控制器有高压控制器和低压控制器两种，也有将高、低压控制器组装在一起的。高压控制器安装在压缩机的排气口，以控制压缩机的出口压力。低压控制器安装在压缩机的进气口，以控制压缩机的进口压力。

（二）分体式空调器常见控制电路

分体壁挂式空调器的控制线路由室内、外机组控制电路和遥控器电路组成。遥控器发射控制命令，微电脑处理各种信息并发出指令，控制室内机组与室外机组工作。图 4-15 是热泵型分体壁挂空调器室内外机组的控制电路简图，电路具体工作过程如下。

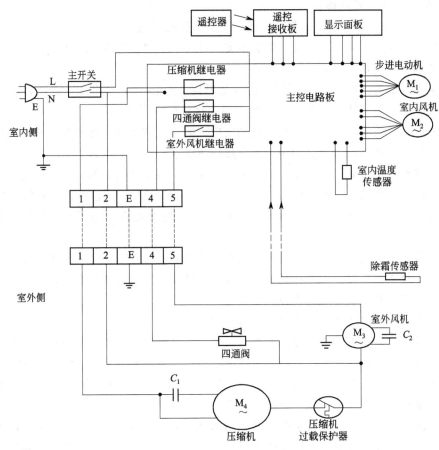

图 4-15　热泵型分体壁挂式空调器的电气线路图

1. 制冷运行

制冷运行的温度范围设定为 20～30℃，当室内温度高于设定温度时，微电脑发出指令，压缩机继电器吸合，于是压缩机、室外风机运转。制冷运行时室内风机始终运转，可选择高、中、低任意一挡风速。当室温低于设定温度时，压缩机、室外风机停止运行。

2. 抽湿运行

抽湿时，室内风机、室外风机和压缩机同时运转，当室内温度降至设定温度后，室外风机和压缩机停止运转，室内风机继续运转 30s 后停止，5.5min 后再同时启动室内、外机组，如此循环进行。

3. 送风运行

送风运行时，可选择室内机组自动、高、中、低任意一挡风速，但室外风机不工作。

4. 制热运行

空调器进入制热运行时，可在14～30℃的范围内以1℃为单位设定室内温度。当室内温度低于设定温度时，压缩机继电器、四通阀继电器、室外风机继电器吸合，空调器开始制热运行。

5. 自动运行

进入自动运行工作状态后，室内风机按自动风速运转，微电脑根据接收到的温度信息自动选择制冷、制热或送风运行。

（三）分体式空调器性能检测

1. 新安装的分体式空调器是否已接近名义制冷量的状态

新安装的分体式空调器除了能运转各主要功能外，还需从以下四个方面进行解释说明空调器的性能是否达到正常交货的状态。

（1）室内机组进出风口温差测试，冷气运转时15min后应达到8℃以上，暖气运转时15min后应达到14℃以上，说明空调器制冷和制热状况良好。

（2）通过运转电流测量，当电流接近额定电流时属正常运转。如电流过大，说明空调器有故障而处于过载状态；如电流太小，说明压缩机处在轻载状态，制冷量不足。

（3）通过对制冷系统运转中压力的测定，说明空调器是否在正常运转。制冷时室内换热器制冷剂气体的排出压力（回气压力）在0.4～0.6MPa表压时属正常；制热时室内换热器的进口压力（压缩机排气压力）在1.5～2.1MPa表压时属正常。如压力偏离以上两个数值太大，则空调器运转不正常。

（4）观察冷凝水的排放，判断空调器是否运转正常。当空调器在强风挡运转15min后，排水管中有冷凝水流出时，说明出风温度已低于空气露点，制冷效果良好；如果没有冷凝水排出，则说明空调器的制冷效果不好。

2. 从高低压力来判别空调器是否已正常工作

由于大多数分体壁挂式空调器的毛细管安装在室外机组中，因此制冷时室外机组上的两只阀都处于制冷系统的低压侧，在制冷工况下小口径阀流过的是节流后的低压制冷剂液体，大口径阀中流过的是从蒸发器来的低压气体（回气）。这种情况下，从两只阀上接出的压力表所测压力都是制冷系统的低压，无法测到制冷系统的高压。

制冷工况下，从大口径阀的接头上接出压力表，其表压为0.4～0.6MPa时，表示蒸发压力正常，空调器处于温升良好的运转状态。压力高于0.6MPa时，可能是冷凝器放热受阻或制冷剂过多；压力低于0.4MPa时，则可能是毛细管堵塞或制冷剂不足。

制热工况下，由于四通阀的换向，大口径阀上接出压力表测得的是制冷系统的高压，即压缩机的排气压力，而低压无法测。当表压为1.5～2.1MPa时，表示冷凝压力正常，室内换热器放热正常；当高压过高，即超过2.1MPa时，表示制冷系统有堵塞或制冷剂过多；当压力过低，即低于1.5MPa时，表示制冷剂过少或压缩机不良。

3. 从运行电流来判别空调器是否正常工作

空调器正常运行时，在强风挡下（即满负荷运行）其运行电流应接近额定电流。如电流过大，则说明空调器的压缩机处于过载状态下，制冷系统局部有问题；如果电流过小，则压缩机处在轻载状态下，功率未充分发挥。

4. 从室内机组进出风口温度差来判别空调器是否正常工作

空调器运行时，在制冷时室内换热器要充分地吸收室内空气的热量，使进出口空气形成较大的温差。一般当该温差大于10℃时为良好，低于10℃则制冷效果不好；相反，在制热时，室内换热器要充分地给室内空气放热，使进出口空气形成较大的温差。一般当该温差大于 14℃ 时为良好，低于此值时制热效果不佳。

5. 从冷凝水排水检查来判别空调器是否正常工作

空调器制冷运行时，室内机组正常的出风温度为 12～16℃，与设定的室内空气温度有 8℃ 以上的温差，此温度值已低于室内空气的露点。当室内空气进入机组内冷到露点时，空气中的水蒸气就冷凝成水，经接水盘收集后由排水管排出。空调器正常运行时，15min 后应该有冷凝水排出，并呈连续滴水状态。如果排不出冷凝水，或间断排出较少的冷凝水，都说明空调器出风温度高，制冷效果差；相反则说明空调器制冷效果正常。

6. 出风口温度一般在 10～16 ℃（不同品牌、不同环境温度影响）

虽然回气温度（室温）会直接影响室内机的出口温度但更会影响到压缩机的排气温度，这就引中出压缩机的工作安全问题了（设计时是绝不允许的）；所以可根据气温太高来理解出风口温度偏高但不能以某个温差值来推算室内机出风温度。

## 四、任务实施

（一）工具和物料的准备

1. 空调器或空调冰箱组装与调试实训考核装置。

2. 万用表、绝缘电阻表、常用电工工具、导线等。

（二）任务实施步骤

1. 阅读空调器电路控制图。

2. 按照控制电路原理图依次将电冰箱电器元件连接好。

3. 检查电源。

4. 对照控制电路原理图复核接线情况，接线正确、无误后，进行开机调试。

5. 对新安装的分体式空调器进行性能检测。

（三）注意事项

1. 要反复确认接线无误，并且各元件为正常状态时，方可接通电源进行试机。

2. 牢记安全用电规程，不可麻痹大意。

## 五、知识拓展

### 变频技术在空调器中的应用

在空调器中，变频技术是一项新兴的技术，它是通过变频器改变电源频率，从而改变压缩机的运转转速的一种技术。变频空调是在常规空调的结构上增加了一个变频器。压缩机是空调的心脏，其转速直接影响到空调的使用效率，变频器就是用来控制和调整压缩机转速的控制系统，使之始终处于最佳的转速状态，从而提高能效比（比常规的空调节能 20％～30％）。变频空调具有以下特点：

（1）启动电流小，转速逐渐加快，启动电流是常规空调的 1/7；

（2）没有忽冷忽热的毛病，因为变频空调是随着温度接近设定温度而逐渐降低转速，逐步达到设定温度并保持与冷量损失相平衡的低频运转，使室内温度保持稳定；

（3）噪声比常规空调低，因为变频空调采用的是双转子压缩机，大大降低了回旋不平衡度，使室外机的振动非常小，约为常规空调的 1/2；

（4）制冷、制热的速度比常规空调快 1～2 倍。变频空调采用电子膨胀节流技术，微处理器可以根据设置在膨胀阀进出口、压缩机吸气管等多处的温度传感器收集的信息来控制阀门的开启度，以达到快速制冷、制热的目的。

"变频"采用了比较先进的技术，启动时电压较小，可在低电压和低温度条件下启动，这对于某些地区由于电压不稳定或冬天室内温度较低而空调难以启动的情况，有一定的改善作用。由于实现了压缩机的无级变速，它也可以适应更大面积的制冷制热需求。

所谓的"变频空调"是与传统的"定频空调"相比较而产生的概念。众所周知，我国的电网电压为220V、50Hz，在这种条件下工作的空调称之为"定频空调"。由于供电频率不能改变，传统的定频空调的压缩机转速基本不变，依靠其不断地"开、停"压缩机来调整室内温度，其一开一停之间容易造成室温忽冷忽热，并消耗较多电能。而与之相比，"变频空调"变频器改变压缩机供电频率，调节压缩机转速。依靠压缩机转速的快慢达到控制室温的目的，室温波动小、电能消耗少，其舒适度大大提高。而运用变频控制技术的变频空调，可根据环境温度自动选择制热、制冷和除湿运转方式，使居室在短时间内迅速达到所需要的温度并在低转速、低能耗状态下以较小的温差波动，实现了快速、节能和舒适控温效果。

供电频率高，压缩机转速快，空调器制冷（热）量就大；而当供电频率较低时，空调器制冷（热）量就小。这就是所谓"变频"的原理。变频空调的核心是它的变频器，变频器是20世纪80年代问世的一种高新技术，它通过对电流的转换来实现电动机运转频率的自动调节，把50Hz的固定电网频率改为30～130Hz的变化频率，使空调完成了一个新革命。同时，还使电源电压范围达到142～270V，彻底解决了由于电网电压的不稳定而造成空调器不能正常工作的难题。变频空调每次开始使用时，通常是让空调以最大功率、最大风量进行制热或制冷，迅速接近所设定的温度。由于变频空调通过提高压缩机工作频率的方式工作，增大了在低温时的制热能力，最大制热量可达到同级别空调器的1.5倍，低温下仍能保持良好的制热效果。此外，一般的分体机只有四挡风速可供调节，而变频空调器的室内风机自动运行时，转速会随压缩机的工作频率在12挡风速范围内变化，由于风机的转速与空调器的能力配合较为合理，实现了低噪声的宁静运行。当空调高功率运转，迅速接近所设定的温度后，压缩机便在低转速、低能耗状态运转，仅以所需的功率维持设定的温度。这样不但温度稳定，还避免了压缩机频繁地开开停停所造成的对寿命的衰减，而且耗电量大大下降，实现了高效节能。

变频空调和普通空调的区别如下。

空调耗电量最大的部位是压缩机。变频空调比普通空调增加了一个可用于调节压缩机速度的变频器。

变频空调压缩机的运转速度会根据室内温度的降低而减慢，普通空调压缩机则一直是以最大的速度运转，因此在一定的情况下，变频空调比普通空调省电。但是为什么实际用起来往往没有商家说的那么省电呢？那是因为，变频空调与普通空调在开机启动时，由于室内温度并未达到设定的温度，所以都是以最大的功率运行，这个时候，变频空调由于电路比普通空调复杂，因此有可能更耗电。当室内温度达到设定温度后，变频空调通过变频器将压缩机的运转速度降低，理所当然的，耗电量就急剧下降了。而普通空调在室内温度达到设定温度后，并不能调节压缩机的速度，因此它必须关闭压缩机，这时它的耗电量比变频空调还要低。但由于压缩机在启动/停止时，会产生瞬间大于压缩机正常运行时3～7倍的电流，频繁地开停对压缩机的寿命有一定的损害。

# 分体式空调器故障判断与维修

**【情境导学】**

空调器的维修包括空调器常见故障的分析与排除，电气控制系统的维修操作、制冷系统的维修操作及通风系统的维修操作等。而空调器出现故障有多种情况，空调维修的综合性很强，在整个过程中，都应始终综合考虑产生故障的原因，根据故障现象逐一分析，用排除法确定故障点或再进行维修操作。

**【知识目标】**

1. 掌握空调器电气控制系统常见故障分析及排除方法。
2. 掌握空调器通风系统常见故障分析及排除方法。
3. 掌握空调器制冷系统常见故障分析及排除方法。
4. 掌握空调器维修后性能检测方法。

**【能力目标】**

1. 能正确判断分体式空调器的常见故障。
2. 能够排除分体式空调器的常见故障。
3. 能正确对维修后的分体式空调器进行检测。

## 任务一 空调器维修后性能检测

### 一、任务描述

一台分体式空调器经过故障维修，请检测其性能是否达到正常运转的标准。

### 二、任务分析

分体式空调器维修完成后，并不等于完成了维修任务，还要对空调器进行开机运转，测试空调器的性能是否恢复到维修前的标准。空调器维修后的检测主要包括线路检查、管路检查、电气配件、绝缘电阻及送风温差等的测试，检测没有问题，则说明维修完成。

### 三、相关知识

（一）空调器修理后的检查与试运转

1. 空调器维修后，接通电源，观察压缩机、风机等能否正常运转。

2. 检查维修后的空调器是否漏电。空调器通电后，外壳或旋钮带电会对人体产生电击现象。用试电笔检查有较强亮光，是严重漏电；手触及空调器外壳及旋钮有麻手感觉，用试电笔检查有微亮，是轻微漏电。空调器漏电是电气绝缘破坏所致，这将危及人身安全，必须避免。

3. 检查空调器制冷情况。空调器在强冷挡通电运行 5min 后，有冷风吹出，蒸发器表面有凝露，冷凝器有热风吹出，则空调器制冷正常。

4. 热泵型空调器要检查能否换向制热。

5. 空调器运行时应无异常噪声。空调器的离心风扇、轴流风扇运行正常时，高速、低速分明，噪声低；压缩机运转正常时振动小、噪声低。

（二）空调器维修后的性能测试

空调器维修后，经过简单的检查与试运转后，还必须对其电气配件、绝缘电阻、管路及主要工作性能进行检查，以便检验维修质量是否符合要求。

（1）线路检查。空调在维修后，应按电气原理图检查电气配线的连接是否正确，线路是否缠绕，是否与其他凸起物接触，配线绝缘层是否损坏等。

（2）管路检查。主要检查管路连接是否正确、接头及配管是否漏气、分体式空调器室内外机组的连接是否牢固、管路之间是否相碰、管路与压缩机之间及管路与风扇之间是否相碰等。

（3）绝缘电阻检查。用 500V 级的绝缘电阻表检查电源插头接线柱与机壳金属部件之间的绝缘电阻值应大于 2MΩ。

（4）制冷系统泄漏检查。用洗洁精或电子检漏仪等检查制冷系统内的泄漏情况，检查的重点部位为管路各连接处。

（5）风机电动机启动性能检查。接通电源，检查风机电动机是否能正常启动运转，风量是否正常，风机风叶是否接触其他配件。

（6）压缩机启动性能检查。接通电源。检查压缩机能否正常启动，压缩机运转声响是否正常。压缩机启动性能检查要反复进行几次，每次停机后的再次试机一个间隔 3min 以上。

（7）检查工作电流。用钳形电流表检测工作电流是否过大。

（8）检测冷凝器。空调器启动后检查冷凝器通风是否良好，运行几分钟后，检查冷凝器是否出热风。

（9）检查蒸发器。空调器在强冷位运行 30min 后，检查蒸发器表面是否有 70% 以上的结露（蒸发器的结露情况与空气的湿度及温度有关），手感是否发凉。

（10）检查送风温差。空调器在强冷位运行 30min 后，用温度计测试空调器回风温度与送风温度，两者之间的温差应大于 8℃，空调器的送风温差测定方法如图 5-1 所示。

（11）检查阀类。检查电磁换向阀等能否正常运转。

（12）检查排水。检查室内冷凝水是否能正常排出室外，是否有滴漏、堵塞等现象。

## 四、任务实施

（一）工具和设备的准备

1. 电气故障的空调器或空调室组装与调试实训考核装置。

2. 空调器常用检测仪表、工具。

（二）任务实施步骤

1. 对维修后的空调进行试运转，检查其运转情况，并做好记录。

2. 对维修后的空调进行性能测试，检验维修质量是否符合要求，并做好记录。

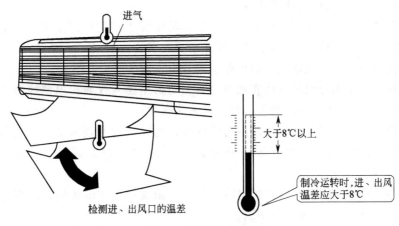

进气

大于8℃以上

制冷运转时,进、出风
温差应大于8℃

检测进、出风口的温差

图 5-1　送风温差测定

（三）注意事项

1. 对维修后的空调进行性能检测时，一定要考虑全面，需检测的指标都要检测到。

2. 检测过程中注意用电安全。

## 五、知识拓展

### 空调的正确使用方法

（1）首次使用空调时应详细阅读《使用说明书》，并按照上面介绍的方法进行操作。

（2）设定合适的温度：一般设定在 26～27℃ 的范围对人的感觉比较适合，由于现在许多空调都具有经济睡眠功能，所以睡觉前最好启动该功能，以保证睡着和醒来时不会觉得太凉。

（3）选择合适的出风口角度，尽量避免对准人体，特别是人在睡眠中直接吹冷风容易得病。目前空调器的双向科学送风功能一般都可以解决这一问题，可以自动设定制冷时角度朝上，制热时角度朝下。

（4）有效使用定时器。睡眠及外出时，请利用定时器。使其仅在必要时间内运转，以便省电。

（5）经常清洁空气过滤网，过滤网被堵塞会降低运转性能，从而导致电费增加，应半月左右清扫一次。

（6）不要让阳光和热风进入房间，在冷气开放时最好用窗帘或百叶窗遮挡阳光；同时开启空调后尽量少开门窗，减少冷量的损耗，节约用电。

（7）不要有物体挡住室内外的进出风口，否则会降低制冷制热效果，浪费电力，严重的会导致空调器无法正常工作。

（8）仅在必要时候开启空调器，既可以使空调得到有效利用又可以节约用电。

（9）在开机时首先将制冷或制热开在强劲挡，如果您的空调没有强劲功能，那么最好开在高风挡，当温度适宜时再将设置改到中挡或低挡，减少能耗，减低噪声。

（10）空调器停、开操作时间，应间隔 3min 以上，不能连续停、开。

（11）开空调时室内要保持一定的新鲜空气，可以避免人在空调房间患"空调病"。如果您的空调没有换气功能，可以将门窗开个小缝，让新风从门窗缝自然渗入。

（12）室内空调运转时，请勿将手指或木棍等物品插入空气的进出风口，因为空调内的风扇在高速运转,有可能引起伤害事故。

(13)空调器应该使用专用的电源插座,请勿将电源连接到中间插座上,禁止使用加长线或与其他电器共用,有可能引起触电、发热或火灾事故。

(14)请勿损伤或改造电源线,有可能引起触电、发热或火灾事故。

(15)请按照说明书介绍的方法正确开关机、勿采用插入或拔出电源线的方法来启动或停止空调机的运转,这样有可能会引起触电或火灾事故。

(16)空调器换季不用时,除了清洗过滤网外,还应该请专业人员对机身内部的换热器和排水设备进行清洗,不仅可以消除空调污染隐患,洁净空气,还可以让空调性能焕发如新,省电节能,延长使用寿命。

(17)空调器换季不用时,应拔掉电源插头,取出遥控器里的电池,以防意外损害;室内外机清洗完并干燥后,应盖上保护罩。

(18)换季首次重新使用空调时,应先取下室内外机的保护罩,移走机身附近的遮挡物,确认遥控器中电池电力状况,然后试机检查运行是否正常。

# 任务二 空调器电气控制系统故障分析及排除

空调器的电气控制系统主要是控制空调器的正常工作,检修内容主要包括电气元件的故障检查、修复和更换。

## 子任务一 整机不工作的故障分析及排除

### 一、任务描述

空调器开机后无动作,整机不工作,对此电气控制系统进行故障分析及排除。

### 二、任务分析

由故障现象出发,根据电路组成及电气控制元件的结构、原理,分析故障原因。在分析判断的基础上,运用正确的检测手段,来确定故障的部位,最后予以排除。

### 三、相关知识

(一)空调器维修的基本原则

空调器的维修应该先从简单的、表面的分析起,而后检查复杂的、内部的;先按最可能、最常见的原因查找,再按可能性不大的、少见的原因进行检查;先区别故障所在的系统(如电气控制系统、制冷系统、通风系统),而后按系统分段依一定次序推理检查。简单地说就是遵循筛选及综合分析的原则。了解故障的基本现象后,便可根据空调器构造上及原理上的特点,全面分析产生故障的可能原因;同时根据某些特征判明产生故障的原因(如制冷系统经常发生的故障是制冷剂量不足),再根据另一些现象进行具体分析,找出故障的真正原因。

(二)空调器故障判断规律

1.空调有碰撞声或强烈震动声。这是从运动部件中发生的声音,可能在通风系统,也可能在制冷系统,应从这两个系统中去检查。

2. 空调器突然停机或压缩机不启动。这多数是电气系统中的故障，也可能是制冷系统或通风系统引起的故障。因它是从电气控制系统中反映出来的，应从电气系统入手检查。

3. 空调器无冷气或冷气不足或电动机拖不动。这是与制冷系统有关的问题，应检查制冷系统。

（三）空调器故障判断排查步骤

1. 观察分析制冷系统、送风系统或整机的故障现象，排除由制冷系统、送风系统或水系统造成的故障，确定故障是由电气控制系统引起的。

2. 初步判断电气控制系统故障是出自哪一部分。

3. 通过对可能出现问题的电气执行元件和电气开关类元件进行逐一检测，判明故障出在强电部分还是弱电部分。

4. 如果故障出现在强电部分，则进行修理或更换。

5. 如果故障出现在弱电上，则要判断是哪一部分电路出现问题，同时知道在哪一块电路板上。

6. 观察出问题的电路板，是否有脱焊、烧焦，同时系统地检查接线柱和接线端子是否松脱、氧化生锈而接触不良。

7. 有条件的可以更换有问题的电路板，否则就要细心测量、修复。

（四）电气控制系统故障的检查方法

1. 电路图与实物对照检查

读懂电路图是进行电气系统检修的前提。在看懂电路图的基础上，可根据电路图中的元器件表来识别元器件，并将元器件与电器实物相对应；实际连接的导线看似很乱，在未弄清各导线的用途之前，不要盲目的拆卸连接导线，以免恢复连接时出现错误，也可防止损坏电气元件或出现事故。

2. 电气系统中绝缘电阻的检查

用绝缘电阻表测量电器部件与机壳间的绝缘电阻，电阻应大于 $2M\Omega$。若绝缘电阻小于 $2M\Omega$，可采用断开有关线路的方法，逐个分段测量，直到找到漏电的部位，最后更换或修理绝缘性能下降的零部件。

3. 空调供电电压的检查

空调器工作时一般要求供电电压值在额定电压的 $\pm10\%$ 之内。在检查电源时还必须检查电源熔断器是否符合要求。电源熔断器一般按空调器额定电流的 $1.5\sim2.5$ 倍作为熔断器的额定电流。对于启动频繁，负荷较大的空调器的熔断器，其额定电流应等于或略大于空调器额定电流的 $3\sim3.5$ 倍。

4. 电气控制元件的检查

（1）主控选择开关和其他功能开关的检测。一般选择万用表的欧姆挡测量选择开关和其他功能开关在各种功能操作时的相应触点是否导通，导通状态下电阻值应为零，不导通状态则为无穷大，否则说明该开关有故障，应修复或更换。

（2）压敏电阻的检测：压敏电阻常见的故障现象是爆裂或烧毁，多为压敏电阻选择不当、电源过电压、过压时间长、电源接错、组件质量不好等原因造成。正常时压敏电阻值为无穷大，如果电阻值过小，则说明电阻已损坏。

（3）空调器常用的热敏电阻值是 $5\Omega$、$10\Omega$、$15\Omega$、$20\Omega$、$25\Omega$ 等几种。

（4）电容器常见故障为开路、短路、漏电。切断电源，取下连接电容器两端的接线，用导体连接电容器的两个端子进行放电。对于风机电容和压缩机电容，放电后用万用表 R×1k 欧姆挡测量，当表笔刚于电容器两接线端连接时，表针应有较大的摆动，而后慢慢回到接近无穷大的位置。如表针摆动不大，说明电容量较小，如表针回不到接近无穷大的位置，说明电容漏电严重，应更换。

(5) 二极管性能的检测

① 整流、检波、开关、稳压二极管：从电路板上取下二极管，用万用表 R×1k 和 R×100 挡可检测其单向导电性能。检测方法是：将两表笔任意接触二极管两端，读出电阻值，然后交换表笔再读出阻值。对正常二极管来讲，两次测量值肯定相差很大，阻值大的常称反向电阻，阻值小的称正向电阻。通常硅二极管的正向电阻为数百至数千欧姆，反向电阻在 1MΩ 以上，如果实测反向电阻很小，说明管子已击穿；若正、反向电阻值均为∞，表明管子已断路；如果正、反向电阻相差不大或有一个阻值偏离正常值较多，说明管子性能不良，一般不宜使用。

② 发光二极管：发光二极管除低压型外，其正向导通电压大于 1.8V，而万用表大多用 1.5V 电池（R×10k 挡除外），所以无法使管子导通，测其正反向电阻均为∞或很大，难以判断管子好坏。

要检测发光二极管，可用 R×10k 挡、内装有 9V 或 9V 以上电池的万用表测量，方法是用 R×10k 挡测正向电阻，二极管会发光。而用 R×1k 挡测反向电阻，判断方法与普通二极管相似。不论何种二极管，测量时还可判断出正负极，即测得反向电阻时，红表笔所接的引脚为正极，黑表笔所接的引脚为负极。

(6) 应急开关

应急开关的检测：断电后，用手指按住应急开关时，将万用表调至欧姆挡，量程一般选择为 R×1Ω 挡，用万用表测量应急开关的两端电阻值（应急开关与接地之间的通断情况），其通断路情况，按住时电阻值应为 0Ω，手指松开时电阻值应为无穷大。

维修方法：使用电烙铁将应急开关从电脑板上取下，再将新应急开关用烙铁焊上。

(7) PTC 电阻

PTC 电阻是一种正温度系数热敏电阻器，常作为变频空调器室外机启动电阻，当空调器开机时导通，当室外机继电器吸合时，就断开不发挥作用，用以对整机的电源电压和工作电流起限压、补偿和缓冲作用。

故障现象：整机不工作。

检测方法：用万用表选择量程为 R×1 欧姆挡测 PTC 的两端，阻值应为 40Ω±10% 左右，如不是则更换。

(五) 整机不工作的故障分析

开机后空调器无动作，这种情况是电源没有导通，要逐个检查有关的电气元件。

1. 电源线中有无电。要检查控制电源线的电气元件，如闸刀开关或空气开关是否切断电源。

2. 如果电源正常，检查接收器是否正常。

3. 如果电源与接收器均正常，应检查控制板上的保险丝是否熔断（用万用表阻值挡测其是否为导通状态），检测压敏电阻是否开裂，其导电性能为非线性的，正常情况下为无穷大。检查变压器是否损坏（用万用表欧姆挡测，初级一般在几百欧姆。次级一般为几欧姆）。

4. 开关板与室内机控制连线的接插件是否接触良好。分体式空调电气控制系统由三部分组成，即开关板、室内机控制板和室外机控制板。开关板与室外机控制板的连接线接头是接插件，虽然接插后能自锁，但也会松脱或接触不良，要加以检查。

5. 按键开关是否损坏。检查运行键触点是否接触不良或按键零件是否损坏。

6. 室内控制板是否损坏。

（六）维修案例

故障现象：整机无显示。

存在的问题：室内机变压器烧坏。

故障分析：

空调室内机是由交流市电 220V 供给，220V 经过压敏电阻和保险丝在到变压器初级变压后次级为 AC12～14V 左右输出供给室内电脑板使用。由此可以分析如下。

1. 外部电路出现问题（如空调电源空开有问题或电源线断路）。

2. 变压器烧坏或室内机电脑板上的保险、压敏电阻（ZNR）烧坏。

3. 室内机电脑板上的稳压元件 7812 或 7805 损坏。

4. 操作板故障（如接线松动或按键损坏）。

故障检测排除：

按"开/关键"开机，整机无反应。打开室内机接线盒，检查接线端子已有市电 220±10％电压输入。再检查室内机电脑板上的保险丝和压敏电阻均良好，再测量检查变压器的初级 AC220V，次级没有 AC12～14V 左右输出，证明变压器已烧坏。

处理过程：更换上好的变压器，试机正常。

## 四、任务实施

（一）工具和设备的准备

1. 电气故障的空调器或空调室组装与调试实训考核装置。

2. 空调器常用检测仪表、工具、设备和材料。

（二）任务实施步骤

1. 观察空调器出现的故障现象。

2. 根据故障现象判断产生故障的原因。

3. 确定故障排除方法，对故障部位进行修复。

4. 运行试机。

（三）注意事项

1. 检测元件和分析控制关系之前，应切断电源，不可带电检测和拨动端子。

2. 用万用表测量通断时，应使转换开关拨至欧姆挡，断电测量；用万用表测电压时，表笔切勿碰到别的电器，以免短路。

3. 空调器常用检测仪表、工具、设备的使用应严格遵守其安全操作规程。

4. 对照控制电路原理图复核接线情况，接线正确、无误后，进行开机调试。

5. 空调器修复后应做必要的性能检测，以便检查修理质量是否符合要求。

## 五、知识拓展

### 低电压运行对空调器的影响

目前，我国部分地区（特别是农村）的电网电压偏低，空调器在低电压下运行。如果过载，保护器失灵或烧坏，常会发生压缩机电动机绕组烧毁的故障。用户在低电压地区使用空调器必须注意以下两个问题。电网电压偏低，压缩机电动机启动，在主控开关转至制冷挡时，要注意倾听压缩机是否已经启动进入运转状态。如启动不起来，应立即关机，再次启动仍启动不了，应暂停制冷，待电压回升后再启动使用。千万不要在主控开关转至制冷挡时，人就擅自离开，任凭压缩过载保护器反复长期接通、切断频繁工作，使其接点燃结，大电流通过压缩机电动机绕组使其烧毁。如有条件，可在空调器启动的一瞬间观察电表反应。

由于启动电流太大，电流表的指针可瞬时打到底，然后返回到空调器的正常工作电流值（可查看产品说明书）。如制冷量为 3480W（3000kcal/h）的空调器的正常工作电流是 7.5A，如果在启动瞬间，电流表的指针打到底，然后指针回指在 1A 处，说明压缩机没有工作，而 1A 电流值仅说明风机电动机在工作。此时应用主控开关来切断压缩机电路。

空调器在电网电压偏低的情况下运行，常会因电网电压波动，使压缩机运行极不正常，有时会自动停下来。碰到这种情况，用户应用主控开关切断压缩机电路，以防烧毁压缩机电动机绕组。

# 子任务二　室内风机运转，压缩机不运转故障分析及排除

## 一、任务描述

一台分体式空调器启动后，室内风机运转，压缩机不运转，经初步判断为空调器电气系统故障，对此故障进行分析并排除。

## 二、任务分析

对于空调器室内风机运转，压缩机不运转故障，先检测不正常运转的部件是否得到正常工作的条件，就可以确定故障是在控制电路还是在某个部件。要分析故障原因，检查电气元件，找出故障点后，综合运用电气控制系统检测及维修手段，对故障予以排除。

## 三、相关知识

### （一）电气元件的检查

1. 压缩机电动机的检查

电动机绕组故障较为常见，先检查电动机绕组。

对于单相电动机的运行绕组和启动绕组的检测方法，常用的是电阻测量法。

检查步骤：使用万用表的 Ω 挡中的 R×1 挡或 R×10 挡，分别测量 C、R、S 每两个端子之间的电阻。小功率压缩机电动机绕组电阻值参照表 5-1。

表 5-1　小功率压缩机电动机绕组电阻值参照表

| 电动机功率/kW | 启动绕组电阻/Ω（C ~ S） | 运行绕组电阻/Ω（C ~ R） |
|---|---|---|
| 0.09 | 18 | 4.7 |
| 0.12 | 17 | 2.7 |
| 0.15 | 14 | 2.3 |
| 0.18 | 18 | 1.7 |

电动机总电阻＝启动绕组阻值＋运行绕组阻值

还需注意的是随着电动机所处温度不同，其绕组阻值也不同。

单相电动机常见故障与处理办法见表 5-2。

表 5-2　单相电动机常见故障与处理方法

| 故障现象 | 原因 | 处理方法 |
|---|---|---|
| 电动机不启动 | 电源停电或断电,定子绕组有断点 负载过大,电容器损坏或开路 | 检查电源熔断器和开关接头及连线,发现断开应及时更换熔丝,接好连线 用万用表检查绕组是否断路 更换电容器,消除过载 |
| 电动机带负载运行时转速低于额定值 | 电压过低,负载过大 | 检查电源电压,查明过载原因 |
| 电动机外壳带电 | 电动机接地线断开或松动,电动机绕组绝缘受损或引出线与机壳相碰 | 检查接地线,松动或开路,重新接好。用摇表检查相间、每相引线与机壳之间的绝缘电阻(检查每相引线与外壳是否相碰时,需将接地线断开) |
| 电动机运行中声音异常 | 风机风扇与风道相碰。轴承损坏或严重缺油。电容器容量减少。电压过低 | 检查风机。更换轴承,补充润滑油。更换电容器。检查电源及时调整 |
| 电动机温升过高或冒烟 | 电动机过负荷。如风叶卡件。电源电压太高或太低。定子绕组匝间对地短路 | 查明过负荷原因并排除。调整风机扇叶。调整电源电压。更换电动机 |

2. 压缩机电动机启动运行电气零件的检查

（1）电容器的检查与更换

电容器损坏造成的故障现象：压缩机不能启动，导致整机电流过大，使电路中的熔丝烧断或使过载保护器动作。若压缩机启动时电流过大，或嗡嗡声而不能启动运行，绝大多数是电容器损坏，一经检查确定，应及时更换。

检测方法：采用万用表检测电容器或用替换法。更换电容器时要注意它的规格。

（2）空调器的压力式启动继电器

压力式启动继电器故障现象：压缩机的运转失调，启动时不能使触头闭合，压缩机不能启动，或压力式启动继电器在启动后不能从电路中切断。

检查方法：万用表测试在通常情况下是否能导通。

维修方法：替换法或跨接法。跨接法是对其进行试验，参照电路图将电路中的启动继电器暂时用跨接导线代替，若压缩机能顺利启动，则表明启动继电器已坏，应更换新的。

压力式启动继电器在电源太低时会发生颤动，触点有凸凹不平时会发生噪声，遇此情况应进行修复，一般用细砂纸将触点打磨平整或更换新的。

（3）温控器的检查与更换

① 双金属片温度控制器

常见故障：触点接触不良，内部断裂，脱焊或冷热切换失灵等。

检查方法：可用万用表分别测量对应触头在室内温度给定值以下时，触头是否能接通；在室内温度给定值以上时触头能否断开。一经确定故障原因，可及时维修或更换。

② 感温波纹管式温度控制器

常见故障：触头接触不良或烧毁，造成动触点不能闭合而失控。

检查方法：空调器接通电源后，将温控器旋钮向正、反方向旋转几次，观察压缩机能否启动，检查触头有无损坏，若完好，则应检查温度调节螺钉是否调节不当引起控制失效，若是，应及时调整。倘若是怀疑感温包、毛细管破损造成制冷剂有泄漏，可从外表面观察，还可对感温包稍微加热，看其触头是否动作，若触头不动作，这表明感温包里的制冷剂已漏光，应更换温控器。

（4）热保护器的检查与更换

常见故障：双金属片不复位、电热丝烧坏、接点粘连、跳开温度过低等。一经检查已损坏的，可及时更换新的。

检查方法：置换法和跨接法，也可用万用表检查。

（5）电加热器的检查与更换

常见故障：绝缘损坏、电热丝烧断、丝间短路等。

检查方法：可用万用表测试其电阻值，若无穷大则断路，若电阻值很小则短路。由于电加热器是由温控开关选择器进行控制，还应对选择开关进行检查，当选择开关调至"热"，不见热风吹出，可能是电热丝故障，也可能是转换开关故障。

（6）风扇的检查

常见故障：叶片破损、碰壳或接线错误等。

检查方法：从外观和运行杂音分析其机械损伤；在线路检查方面，可用万用表检查绕组有无断路和短路；若电动机配置有运转电容器，还需检查电容器是否有故障，电容器故障也会使风扇不能正常运转。

（二）室内风机运转，压缩机不运转故障分析

1. 电源缺相或电压过低，检查电源线及测量电压值。

2. 压缩机电流过载，检查压缩机保护壳体上的过载保护器是否起跳。在压缩机的接线盒处通过万用表电阻挡测量绕组是否导通，若不通则说明过载保护器已起跳，切断了电源，5min 左右会恢复。

3. 风机过热或室外机组风机过载保护器损坏。风机超负荷运行时，其绕组温升过高，过载保护器会起跳切断电源，可检查风机的进线接头是否导通。若不通，则说明起跳，等冷却后会恢复。若不恢复，说明过载保护器损坏，进行更换。

4. 风机电动机接线头接触不良。另外，要检查压缩机壳体接线盒内的接线是否有松弛而接触不良。

5. 交流接触器线断路，电动机无电源进入。

6. 高压压力控制器故障，可用万用表测量触点接头是否导通。

7. 微电脑控制板故障，检查温度控制电路和压缩机继电器控制电路。

8. 低压压力继电器起跳切断电源。

9. 压缩机电容器损坏。

10. 压缩机电动机故障。

（三）压缩机不能运转的故障分析顺序框图

其见图 5-2。

（四）维修案例

**案例 1**

故障现象：室内机工作正常，室外机风扇运转，压缩不运转。

存在问题：室外机三相保护器坏。

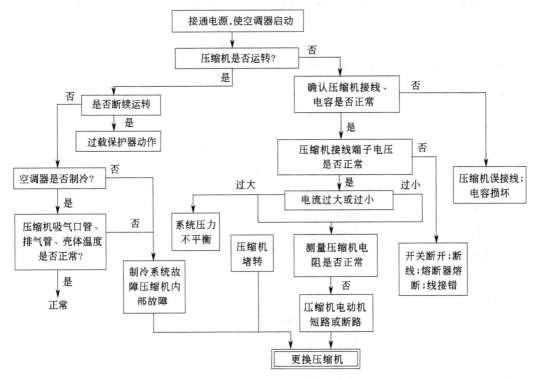

图 5-2　压缩机不能运转的故障分析顺序框图

故障分析：

1. 室内机工作正常，室外机风扇也运转（说明室内机没有故障，已有信号输送到室外机）。

2. 室外机故障：压缩机坏；市区电缺相；压缩机交流接触器坏；三相保护器坏。

故障检测排除：

室内机工作正常，室外机风扇也运转（说明室内机没有故障），打开室外机盖则发现压缩机不工作。测量市电已有 380V 电压到室外机，在测量三相保护器上的接线触点发现 A 点与零线测量有 220V，但是 C 点与零线测量没有 220V，证明三相保护器已坏。

处理过程：更换上好的三相保护器，试机正常。

**案例 2**

故障现象：空调器室内机工作正常，室外机不工作。

存在问题：室外机电脑板上的保险和压敏电阻（ZNR）烧坏。

故障分析：

1. 室内机没有信号输送到室外机或室内室外机连接线故障。

2. 室外变压器烧坏或室外机电脑板故障或室外机电脑板上的保险和压敏电阻（ZNR）烧坏。

故障检测排除：打开检查室内机电脑板，没发现有烧坏的元器件。开机几分钟后，测量室内机接线端子的信号线输出正常（说明室内机没有故障）。打开室外机的盖则发现室外机电脑板上的保险和压敏电阻（ZNR）都烧黑（说明保险和压敏电阻已烧坏需要更换）。同时要测量一下室外机变压器是否完好，因为有时保险和压敏电阻烧坏时，变压器同时也会烧坏。测量变压器方法：断电 200Ω 挡测量初级通常会比次级大 10 倍以上（说明是好的）。

处理过程：断开电源空开，临时小心撤断压敏电阻（ZNR）不要，更换上好的保险，开机，试机正常运行。工具包带有压敏电阻，最好也要更换上好的压敏电阻，这样能够更好的保护室外机电脑板。或更换新的室外机电脑板。

## 四、任务实施

（一）工具和设备的准备

1. 电气故障的空调器或空调器组装与调试实训考核装置。

2. 空调器常用检测仪表、工具、设备和材料。

（二）任务实施步骤

1. 观察空调器出现的故障现象。

2. 根据故障现象判断产生故障的原因。

3. 确定故障排除方法，对故障部位进行修复。

4. 运行试机。

（三）注意事项

1. 检测元件和分析控制关系之前，应切断电源，不可带电检测和拨动端子。

2. 用万用表测量通断时，应使转换开关拨至欧姆挡，断电测量；用万用表测电压时，表笔切勿碰到别的电器，以免短路。

3. 空调器常用检测仪表、工具、设备的使用应严格遵守其安全操作规程。

4. 检测电容时注意充放电。

5. 空调器修复后应做必要的性能检测，以便检查修理质量是否符合要求。

## 五、知识拓展

### 空调器电源插座的安装要求和安全使用规范

1. 电源插座应配备在空调器电源线易于插接的地方。并且必须配有地线。以保证空调器的接地端通过电源插座良好的接地。三线插座中，地线和零线必须严格分开，将地线与零线接在一起是错误的。电源插头和电源插座的接线方法和要求：L 标识必须接在火线上；N 标识必须接在零线上；⊥ 或 E 标识必须接在接地线的端子上连接牢固。

2. 空调长时间不使用时，应必须将空调器的电源断掉，否则会对空调器的主电脑电路造成老化和不必要的功耗，以及存在着不必要的安全隐患。

3. 使用规定容量符合空调器要求的保险丝或开关。以达到对人身和机器的正常保护。

4. 空调器的接地线，必须要按照电工安全操作规范严格进行操作，不要接在气体管道上、自来水管道上、避雷针、电话地线上，否则会造成外部带电物体引入空调器的金属外壳上。

（1）空调器 1~1.5 匹机型，选择电源插座电流容量必须应大于 10A 以上；否则将会使空调器无法正常使用，开关电流容量选择过大得不到迅速保护，开关电流容量选择过小，引起电源开关发热产生安全隐患。

（2）空调器 1.6~2.5 匹机型，选择电源插座电流容量必须应大于 15A 以上；否则将会使空调器无法正常使用，开关电流容量选择过大得不到迅速保护，开关电流容量选择过小，引起电源开关发热产生安全隐患。

（3）空调器 2.6～3 匹机型，选择电源插座电流容量必须应大于 16～30A 以上；否则将会使空调器无法正常使用，开关电流容量选择过大得不到迅速保护，开关电流容量选择过小，引起电源开关发热产生安全隐患。

# 任务三　空调器制冷系统故障分析及排除

空调器在运转和使用过程中出现的各类故障往往通过制冷系统表现出来，其故障的原因一方面是电气控制系统故障，另一方面是制冷系统故障。对于制冷系统故障的分析与检修，要在掌握制冷系统工作原理，熟悉制冷系统设备的基础上，仔细观察故障现象，深入内部对实际问题进行综合分析判断，直到找出故障原因，并加以排除。

## 子任务一　制冷系统泄漏的故障分析及排除

### 一、任务描述

一台分体式空调使用一段时间后制冷效果变差，初步判断为制冷系统泄漏，请找出泄漏原因及泄漏部位，对故障进行排除。

### 二、任务分析

空调制冷制热的载体是制冷剂，如系统出现漏点，制冷剂泄漏则空调制冷差或完全不制冷，而空调器出现泄漏的地方主要集中在换热器的各焊接头、毛细管焊接处、压缩机吸排气管、喇叭口、连接管等处，要检查时可先进行目测，重点检查连接管各接头处，找出漏点，进行补漏。

### 三、相关知识

（一）空调器制冷系统故障的一般检查分析方法

对空调器制冷系统故障的一般检查、分析方法是"一看、二听、三摸、四测"。

一看：仔细观察空调器的外形是否完好，部件有无损坏、松脱，管道有无断裂；空调器制冷系统各处的管路有无断裂，各焊口处是否有油渍，如有较明显的油渍，说明焊口处有渗漏。对于分体式空调器可用复式压力表测一下运行时制冷系统的运行压力值是否正常。在环境温度为 30℃ 时，使用 R22 作制冷剂的空调系统运行压力值，低压表压力应在 0.49～0.51MPa 范围内，高压表压力应在 1.8～2.0MPa 范围内。

二听：仔细听空调器运行中发出的各种声音，区分是运行的正常噪声，还是故障噪声，即振动是否过大，风扇电动机有无异常杂音，压缩机运转声音是否正常等。听空调器运行中各种声音，区分运行的正常噪声和故障噪声。空调器运行中各种声音，区分运行的噪声和故障声是故障诊断的常用方法。如离心式风扇和轴流风扇的运行声应平稳而均匀，若出现金属碰撞声，则说明是扇叶变形或轴心不正。压缩机在通电后应发出均匀平稳的运行声，若通电后压缩机内发出"嗡嗡"声，说明是压缩机出现了机械故障，而不能启动运行。

三摸：摸空调器有关部位，感受其冷热、震颤等情况，有助于判断故障的性质与部位。将被检测的空调器的冷凝器和压缩机部分的外罩完全卸掉。启动压缩机运行 15min 后，将手放到空调器的出风口,感觉一下有无热风吹出,有热风吹出为正常,无热风吹出为不正常;用手指触摸压缩机外壳(应确认外壳不带电)是否有过热的感觉(夏季摸压缩机上部外壳应有烫手的感觉);摸压缩机高压排气管时,夏天应烫手,冬天应感觉很热;摸低压吸气管应有发凉的感觉;摸制冷系统的干燥过滤器表面温度应比环境温度高一些,若感觉到温度低于环境温度,并且在干燥过滤器表面有凝露现象,说明过滤器中的过滤网出现了部分"脏堵";如果摸压缩机的排气管不烫或不热,则可能是制冷剂泄漏了。

四测:为了准确判断故障的部位与性质,在用看、听、摸的方法对空调器进行了初步检查的基础上,可用万用表测量电源电压,用兆欧表测量绝缘电阻;用钳形电流表测量运行电流等电气参数是否符合要求;用电子检漏仪检查制冷剂有无泄漏或泄漏的程度。

分析空调器常见故障的原则是:从简至繁,由表及里,按系统分段,推理检查。先从简单的、表面的分析起,而后检查复杂的、内部的;先按最可能、最常见的原因查找,再按可能性不大的、少见的原因进行检查;先区别故障所在的位置,而后再分段依一定次序推理检查。简单地说就是遵循筛选及综合分析的原则。了解故障的基本现象后,便可根据空调器构造及原理上的特点,全面分析产生故障的基本原因;同时也可根据某些特征判明制冷系统产生故障的原因,再根据另一些现象进行具体分析,找出故障的真正原因。

看、听、摸、测等检查手段所获得的结果,大多只能反映某种局部状态。空调器各部分之间是彼此联系、互相影响的,一种故障现象可能有多种原因,而一种原因也可能产生多种故障现象。因此,对局部因素要进行综合比较、分析,从而全面、准确地断定故障的性质与部位。如制冷系统发生泄漏或堵塞,都会引起制冷系统压力不正常,造成制冷量下降。但泄漏必然引起制冷剂不足,使高压和低压的压力都降低;而堵塞若发生在高压部分,则会出现高压升高、低压降低的现象。因此,可根据故障现象加以区别,判断是漏还是堵,如表5-3所示。

表5-3    根据故障现象区别空调器漏还是堵

| 故障情况 | 泄漏 | 不完全堵塞 | 完全堵塞 |
|---|---|---|---|
| 高压侧 | 运行电流和输入功率均低于正常值 | 运行电流和输入功率正常或稍高于正常值 | 运行电流和输入功率均高于正常值 |
| | 压缩机运行噪声低 | 压缩机运行噪声正常或稍高 | 压缩机运行噪声高 |
| | 排气管温度比正常值偏低 | 排气管温度接近正常 | 排气管堵塞时温度上升 |
| | 高压低于正常值 | 高压略微升高 | 高压升高 |
| 低压侧 | 低压低于正常值 | 低压略低于正常值 | 低压低于正常值 |
| | 蒸发器结露不完全 | 蒸发器结露不完全 | 蒸发器不结露 |
| 制冷(或热泵制热) | 不良 | 不良 | 不制冷(热泵不制热) |

(二)制冷系统泄漏故障分析

制冷系统泄漏是空调器常见故障之一,如不及时检修,将对空调器造成严重的不良影响。第一,制冷剂不足会使空调器回气温度升高,压缩机得不到应有的冷却造成损坏;第二,空调器在制冷剂不足的情况下运转,其系统的低压侧将出现负压,外界空气会进入制冷系统,空气中的水分、杂质及各种有害气体与制冷剂发生化学反应,生成盐酸,氢氟酸等腐蚀性化合物,损坏压缩机,尤其是压缩机电动机;第三,由于制冷系统泄漏,导致制冷剂不足而造成制冷或制热效果差,使空调器长时间工作,不仅缩短了空调器的使用寿命,而且浪费电力造成不应有的经济损失。

1. 制冷系统泄漏的主要原因及故障现象

对于使用年数已久的空调器，由于制冷剂对蒸发器及管路的腐蚀，加之长期工作中室外机组内的管路受震动及相互摩擦造成裂缝和穿孔而产生泄漏。对于使用时间不到两年或新安装使用不久的空调器，多为安装时操作不严，工艺较差或所使用的管路接头、喇叭口、密封件质量低劣，因密封不严而产生泄漏。

制冷系统泄漏，使系统内制冷剂减少，造成空调器制冷、制热效率下降。若系统内制冷剂完全漏光，则会出现虽然压缩机动作，但完全不制冷（热）的故障。

2. 制冷系统泄漏的判断方法

（1）检查供液管和回气管的温度及结露情况。启动空调器，使其在制冷方法下运转20min，若室外机组回气阀和回气管上有凝露出现，用手摸回气管的温度明显低于供液管的温度，说明系统内制冷剂充足，且空调器运行正常。有下列情况之一，则表明制冷剂缺少：供液管结露，回气管不结露；供液管结霜；供液管不结露仅微凉，回气管不凉；供液管及回气管均不凉。

（2）测量回气阀处的压力。空调器大多使用 R22 为制冷剂，使用状况大致相同，其运行时的压力有一定规律。将压力表接至空调器低压角阀加液口，测其运行时的低压压力，正常情况下，在环境温度为 30℃ 左右时，制冷运行的低压压力为 $0.45\sim0.55MPa$，热泵型空调器在制热运行时应为 1.8MPa，若低于上述压力，则说明制冷剂不足。压力越低，说明泄漏量越大。若基本无压力，则说明制冷剂已漏光。

（3）充氮气加压（充入 1.5MPa 氮气），观察两根连接管的四个接头，气液阀的阀杆、加液口等部位是否有油迹。有油迹，则说明泄漏。

（4）使用检测仪查找泄漏的大体部位，然后涂上肥皂水，若有气泡出现，则为漏点。

（5）热泵型空调器的室内机组和连接管部分的检漏，应在制热运行状态进行，因这时被检查部位处于高压状态，比较容易发现漏点。

查出泄漏原因和补漏之后，要对整个系统进行试压检漏，确定无泄漏后再进行抽真空、充注制冷剂的操作。

（三）维修案例

**案例 1**

故障现象：一台 KFR-32GW 型分体式空调器使用两个月后制冷效果变差。

故障分析：估计为制冷系统有泄漏故障。开机观察，发现制冷管路的接头处有油迹，怀疑接头未拧紧，但将连接头拧紧后，仍有油迹渗出，判断为连接管的密封胶圈密封不严。拆下连接头，发现密封胶圈已变形，而导致泄漏。

故障维修：更换密封圈和接头后，并补充制冷剂，故障排除。

**案例 2**

故障现象：一台 KFR-35GW 型分体式空调器室内、外机均运转正常，但不能制冷，也不能制热。

故障分析：为了准确找到故障，用一只钳形电流表，钳于电源零线上，开启压缩机测其电流值与额定电流相比较，测得该空调器运转电流为 5A（正常应为 6.2A），表明没有负载电流，故判断系统内的制冷剂已基本漏掉。检查低压管已腐蚀。

案例维修：补焊穿孔后，抽真空、充入制冷剂试机，故障排除。

## 四、任务实施

（一）工具和设备的准备

1. 制冷系统泄漏的空调器或空调器组装与调试实训考核装置。

2. 空调器常用检测仪表、工具、设备和材料。

（二）任务实施步骤

1. 观察空调器出现的故障现象。

2. 根据故障现象判断产生故障的原因。

3. 确定制冷系统泄漏部位，进行补漏。

4. 试压检漏、抽真空、充注制冷剂。

5. 运行试机。

（三）注意事项

1. 空调器常用检测仪表、工具、设备的使用应严格遵守其安全操作规程。

2. 查出泄漏原因和补漏之后，必须对整个系统进行试压检漏，确定无泄漏后再进行抽真空、充注制冷剂的操作。

3. 空调器修复后应做必要的性能检测，以便检查修理质量是否符合要求。

## 五、知识拓展

### 空调器常见的假性故障

（一）空调器不运行

1. 电网停电、熔断器熔断、空气自动开关跳闸、漏电保护器动作、本机电源开关未合闸、定时器未进入整机运行位置等，即空调器实际上未接通电源。

2. 电源电压过低，电动机启动力矩小，电动机转动不起来，过载保护器动作，切断整机电源电路。

3. 遥控开关内的电池电能耗尽正负极性接反，因而遥控开关不工作，空调器没有接到开机指令。

4. 空调器设定温度不当，如制冷时设定温度高于或等于室温，制热时设定温度低于或等于室温。

5. 正在运行的空调器，若关机后马上开机，则有 3min 延时保护，空调器不会马上启动。

6. 环境温度过高或过低，如制冷时的室外气温超过 43℃，热泵制热时的室外气温低于 −5℃，机内保护装置会自动切断本机电源。

（二）空调器制冷（热）量不足

1. 空气过滤器滤网积尘太多，热交换器盘管和翅片污垢未除，进风口或排风口被堵，都会造成热交换机气流不畅，使热交换机的交换率大幅度降低，从而造成空调器制冷（热）量不足。

2. 若制冷时设定温度偏高，则压缩机占空比增大，空调器平均制冷量下降；若制热时设定温度偏低，则压缩机占空比也会增大，从而使空调器的平均制热量下降。

3. 若制冷时室外温度偏高，则空调器能效比降低，其制冷量亦随之下降；若制热时室外温度偏低，则空调器的能效比也会下降，其热泵制热量随之降低。

4. 空调器房间密封性能不好，缝隙多或开窗开门频繁，或长时间开启新风门，都会造成室内（热）冷量流失。

5. 空调器房间热负荷过大，如室内有大功率电器或热源，或室内人员过多，室温显然很难降下来。

（三）噪声

空调器内部在运转时会产生一定的噪声，这是空调器的最主要噪声。在通常情况下，这些噪声很有规律，只要其大小在允许的范围内就属正常现象。有时空调器会出现某种异常噪声，其实也不是空调器本身有什么毛病。如窗帘被吸附在空调器风栅上，空调器的运行噪声会马上变样，只要把窗帘拨开，声音又立即恢复正常；又如安装在窗框上的窗式空调器，其运行噪声一般会逐年增大，有时还会发生极强的噪声，这常常是由于窗玻璃松动引起的，只要设法解决好窗玻璃的坚固与消振，噪声就会大大减小。此外，压缩机在启动、停机时，会有轻微的"哗哗"液体流动声，有时还会听到"啪啪"塑料面板热胀冷缩声，这些都是正常现象。

（四）异味

空调器刚开机时，有时会闻到怪味，这可能是食物、化妆品、家具、墙壁等所散发出来的气体吸附在机内的缘故。所以，重新启用空调器前，须做好机内、外的清洁卫生，运行期内也应定时清洗滤网。平时不要在空调器房间内抽烟，不开空调器时应打开门窗通风换气。

（五）压缩机开停频繁

若制冷时设定的温度过高或制热时设定的温度过低，都会使压缩机频繁地停开机。只要将制冷时设定的温度调低一点，或将制热时温度调高一点，压缩机停机的次数就会减少。

# 子任务二　制冷（热）效果差故障分析及排除

## 一、任务描述

一台分体式空调使用一段时间后制冷效果变差，请分析故障原因，对故障进行排除。

## 二、任务分析

此任务的综合性很强，在完成过程中，应始终综合考虑产生故障的原因，根据故障现象逐一分析，用排除法确定故障点，对故障予以排除。

## 三、相关知识

（一）空调器热力膨胀阀安装注意事项

1. 安装时应尽量靠近蒸发器入口，阀体要垂直安装。

2. 为了保证感温包里是液体，要求感温包要安装得比阀体低一些。

3. 感温包尽可能安装在蒸发器出口水平回气管上，并远高压缩机吸气口 1.5m 以上。

4. 感温包不能安装在有制冷剂集液的管路上。

5. 若蒸发器出口带有气液交换器，一般将感温包放在蒸发器出口，即气液交换器之前。

6. 感温包应紧贴管壁扎实，接触处应清除氧化皮。

7. 当回气管直径小于 25mm 时，感温包可扎在管顶部；当回气管直径大于 25mm 时，可扎在回气管侧面 45°，以防止管子底部的集油影响感温包的感温。

（二）热泵型空调器四通阀的检修方法

1. 常见故障及原因分析

（1）四通阀内部泄漏。当四通阀内部的活塞或滑块变形或破损时，就会造成高低压气体相互串气，导致四通阀换向困难或不换向，运行效果差。

（2）四通阀外部的毛细管泄漏或堵塞，不能引导四通阀换向，并且制冷剂（泄漏）也会跑光。

（3）四通阀线圈烧坏。空调器制热过程中，四通阀线圈一直处于通电过程中，有时线圈会发热烧断，导致不能换向。

（4）四通阀线圈磁力不足。如果供电电压太低或者线圈没有安装到位，就会产生磁力不足，引起动作失灵，并且伴有线圈噪声。这种情况还容易导致线圈烧坏。

2. 更换四通阀的快速实用方法

确定四通阀损坏后，最好选用同规格、型号的四通阀更换。更换方法如下。

（1）将机上旧的四通阀全部焊下。

（2）换上新的四通阀，取下电磁线圈。四根铜管接口摆正位置，保持原来的方向和角度，换向阀必须处于水平状态。

（3）焊接时先焊单根高压管，然后焊其他三根的中间一根低压管，再焊左右两根。

（4）选用适当的焊把，火焰调到立刻能焊接的程度，火到即焊，这时用两块湿毛巾降温四通阀与铜管端，保证火焰高温不会将阀体内部的橡胶和尼龙密封件烤变形，造成四通阀内部泄漏损坏。

（5）看得准，动作快，按顺序一根一根地焊接，第一根完全降温再焊速度快，待四通阀无温升时就焊完。

（6）四根接口先后焊好后用湿毛巾降温，达到四通阀使用要求。

（三）快速接头的更换

快速接头是分体式空调器室内、外机组的重要连接件之一，当其损坏后，应马上更换以免使制冷系统因泄漏而造成堵塞。

具体步骤：首先放出制冷管路中的制冷剂，然后将快速接头卸下。如果快速接头是紧贴地面或墙壁安装的，可将其配管稍微抬起，并在快速接头下面铺上隔热薄板（以免在焊接时烧坏地板或墙壁），然后再取下套在管道上的保温材料，最后按要求卸下快速接头。

把快速接头拆下后，应立即更换新的快速接头。更换步骤为：

（1）将快速接头的两个主体部分分离；

（2）用气焊将焊接部位取下，并将附在铜管上的焊料清除干净；

（3）将规格和型号完全相同的新快速接头焊接到原处；

（4）再将两主体部分接好；

（5）再一次确认无泄漏后可包扎保温材料，使其恢复原状态。

在焊接时应边冷却边焊接，以避免快速接头过热。

（四）空调器制冷（热）效果差原因分析

1. 制冷剂不足或泄漏。

2. 制冷剂充注量过多。

3. 毛细管或干燥过滤器堵塞，使流入蒸发器的制冷剂减少（完全堵塞，则无制冷剂流入），导致制冷（热）量下降或完全不能制冷（热）。

4. 制冷循环系统中存在不凝性气体。运转电容器接触不良或损坏、风扇电动机电源断路或风扇电动机损坏，导致风扇不转。

5. 空气过滤器网堵塞，通风不良，导致冷（热）空气不能有效循环。

6. 室外冷凝器积灰太多，通风不良或有障碍物使气流受阻，造成散热不良。

7. 电磁四通阀损坏或不到位，导致高、低压串通，影响制冷（热）效果。

8. 压缩机气阀关闭不严，机件严重磨损使间隙增大，造成排气能力下降制冷效果降低。另外风扇电动机电源断路或风扇电动机损坏，导致风扇不转，影响冷凝效率，造成制冷效果降低。

（五）空调器制冷（热）效果差排除方法

1. 检漏，调整制冷剂充注量，使高、低压力维持在正常工作范围之内。

2. 清洗制冷系统，排除堵塞，对系统抽真空，排出不凝性气体，重新充注制冷剂，调整空调器空座状态。

3. 若冷凝器积灰太多，通风不良或有障碍物使气流受阻，造成散热不良，则需吹洗冷凝器，用翅片梳拨正倒伏的翅片，另外卸下空气过滤网，用中性温水清洗。

4. 检修制冷设备的故障，如压缩机、风扇电动机、热力膨胀阀、四通换向阀等，排除机械运动部件的损伤，磨损严重的部件予以更换。

（六）维修案例

**案例 1**

故障现象：制冷效果差。

原因分析：分析该故障时，首先应分清是压缩机还是四通阀故障。根据压力测试与手感觉，找出故障点。一般四通阀窜气：进气、出气口温差较小，阀体内有较大的气流声，压缩机回气管吸力较大，贮液管温度较高。

用户电源电压 220V 反映空调制冷一段时间后包厢内冷气很少。上门检查测空调低压压力 0.65MPa 明显偏高，放制冷剂到 0.55MPa 时，室内机出风口冷气很少，测量工作电流 7.3A，正常触摸高低压铜管，低压管比较冷，高压管冷感觉很少，证明压缩机基本无故障。这时看压力表又升到了 0.36MPa，用手摸四通换向阀的四根铜管，接压缩机排气管的一根温度较高，另外三根均也有热感觉，将空调工作模式换到制热状态。听到四通阀不是很强的换气吸合声，但制热效果也不是很好，判定为空调的四通阀故障。

解决措施：更换四通阀、抽真空检漏、加氟。

**案例 2**

故障现象：制冷效果差，室外机运行一段时间后停机。

原因分析：空调为去年安装机，去年安装后一直反映空调效果不好，维修人员多次上门检查空调，数据如下：空调运行电流 12.5A，压力 5kgf/cm$^2$（1kgf/cm$^2$ = 98.0665kPa），出风温度 12℃，进风 30℃。从以上数据看空调正常，但运行一段时间后空调电流逐渐升高，出风温度渐渐上升。1.5h 后空调保护，维修人员根据维修经验判断为室外机热保护，检查室外机散热环境，良好未有阻碍，也无西晒，冷凝器也不脏。维修一时陷入僵局，维修人员发现如果用水淋冷凝器，室外机则不会保护，判断可能故障为①压缩机故障、②系统制冷剂轻度污染、③管路问题。根据现象及故障分析，首先检查系统问题及管路问题，低压连接管在出墙洞时有压扁现象，造成系统堵塞，制冷差。

解决措施：重新处理好管道，试机一切正常。

## 四、任务实施

（一）工具和设备的准备

1. 制冷系统泄漏的空调器或空调器组装与调试实训考核装置。
2. 空调器常用检测仪表、工具、设备和材料。

（二）任务实施步骤

1. 观察空调器出现的故障现象。
2. 根据故障现象判断产生故障的原因。
3. 确定制冷系统故障部位予以排除。
4. 运行试机。

（三）注意事项

1. 始终综合考虑产生故障的原因，根据故障现象逐一分析，用排除法确定故障点。
2. 空调器常用检测仪表、工具、设备的使用应严格遵守其安全操作规程。
3. 空调器修复后应做必要的性能检测，以便检查修理质量是否符合要求。

## 五、知识拓展

### 空调制冷系统维修安全操作规范及制冷系统故障快速判断表

空调的制冷系统是一个压力系统，并且在维修时可能进行焊接、通电运行等操作，所以存在触电、冻伤、烫伤和爆炸等危险。为了维护操作人员的切身利益和生命安全，请各维修人员自觉遵守以下安全操作注意事项。

（一）整体检查

如果需要检测机器的压力、系统各点运行温度值等参数，若为分体机必须在连通室内、外机的情况下进行。

如果需要连接压力表检测压缩机排气压力，请在机器静态时连接好压力表，避免在运行时连接造成高温烫伤。

如果需要用手感触压缩机排气口至冷凝器段管路的温度，请先用手指快速试探，以免造成烫伤。

（二）焊接操作

如果需要进行焊接操作，必须先放掉系统里的制冷剂，并且在焊接时请戴好防护眼镜。

放制冷剂过程中，操作人员不得面对工艺口或对着他人放气，避免被制冷剂冻伤。

焊接时请遵守相关的焊接安全操作规程。

（三）压力检漏

如果需要对系统实施压力检漏，必须使用氮气进行，严禁使用其他易燃易爆气体。充入系统的氮气压力不允许超过 3MPa。

在使用充氮接头进行充氮时，接头不得对着人和其他可能造成损害的地方，以免接头飞出伤人或导致其他损失。严禁在压缩机工作的情况下充入气体检漏。

（四）通电运转

在单独对分体机室外机组维修时，不得在高压阀门或低压阀门关闭的情况下通电运行，避免压力过高产生系统爆裂事故或压缩机真空运转产生爆炸事故。在对室外风扇系统进行检查时，如果需要通电运转，必须保证在空调面板和风扇网罩安装好的情况进行。在通电的情况下检查机器请遵守相关的电工安全操作规程。

（五）压缩机检查

如果需要对压缩机进行吸、排气性能检测，可单独拆下压缩机在空气中通电运转，严禁在封死压缩机排气口或吸气口的情况下运行压缩机。不允许利用压缩机进行抽真空操作。

（六）充制冷剂操作

如果需要在低压侧进行动态充制冷剂操作，请使用复合式压力表缓慢地进行，不允许把制冷剂钢瓶倒置，并尽可能保证加入系统的为气体状态制冷剂。若为分体机必须保证此过程中室内、外机处于连通状态。

如果在系统完全无制冷剂的情况下充制冷剂必须先对系统抽真空，在保证真空度的前提下才可以充制冷剂。

加制冷剂过程中同时观察系统的压力情况，如有异常请及时终止操作。

（七）外机清洗

如果需要对机器进行清洗，必须先拆下相关的电气零部件，清洗后接上电气部件必须在各连接处完全干燥之后进行。

清洗过程中压缩机接线柱必须做好防水保护措施，如果不慎沾水，请用干净的布擦干，并尽可能使之在最短的时间内完全干燥。

空调器制冷系统故障快速判断表见表5-4。

**表5-4　空调器制冷系统故障快速判断表**

| 观察部位 ＼ 故障原因 | 空调器正常 | 制冷剂不足 | 过滤器堵塞 | 制冷剂全部泄漏 | 冷凝条件不好 | 蒸发器外部受阻 | 制冷剂过多 | 系统内有空气 | 压缩机高低压泄漏 |
|---|---|---|---|---|---|---|---|---|---|
| 低压（环境30℃） | 0.45～5.0MPa | 低于正常压力 | 低于正常压力 | 基本上无压力 | 高于正常压力 | 低于正常压力 | 高于正常压力 | 高于正常压力 | 高于正常压力 |
| 高压（环境30℃） | 1.9～2.0MPa | 低于正常压力 | 略低于正常压力 | 基本上无压力 | 高于正常压力 | 正常 | 高于正常压力 | 高于正常压力 | 低于正常压力 |
| 停机时平衡压力 | 环境温度下的饱和压力 | 环境温度下的饱和压力；严重时低于饱和压力 | 环境温度下的饱和压力 | 基本上无压力 | 环境温度下的饱和压力 | 环境温度下的饱和压力 | 环境温度下的饱和压力 | 环境温度下的饱和压力 | 环境温度下的饱和压力 |
| 压缩机声音 | 正常 | 较轻 | 略轻 | 轻 | 响 | 轻 | 响 | 响 | 轻 |
| 压缩机吸气管温度 | 冷，结露，潮湿天气更是大量结露 | 少结露或不结露 | 不结露，温 | 温 | 温 | 冷，结露过多 | 冷，结露过多 | 冷，温，结露少 | 温，甚至热 |
| 压缩机排气管温度 | 热，烫，55℃加环境温度 | 热，温 | 热，温，低于环境温度加55℃ | 温 | 烫，超过环境温度加55℃ | 热，略低于55℃加环境温度 | 热，高于环境温度加55℃ | 热，烫，超过环境温度加55℃ | 热 |
| 压缩机壳体温度 | 90℃左右 | 温升高，超过90℃ | 温升高，超过90℃ | 热，烫，远远超过90℃ | 温升高，超过90℃ | 低，结露过多 | 低，结露过多 | 温升高，超过90℃ | 热，烫，远远超过90℃ |

续表

| 故障原因<br>观察部位 | 空调器正常 | 制冷剂不足 | 过滤器堵塞 | 制冷剂全部泄漏 | 冷凝条件不好 | 蒸发器外部受阻 | 制冷剂过多 | 系统内有空气 | 压缩机高低压泄漏 |
|---|---|---|---|---|---|---|---|---|---|
| 冷凝器 | 热,环境温度加15℃(45~55℃) | 热,温 | 温,低于环境温度加15℃ | 温 | 过热,超过环境温度加15℃ | 热,略低于环境温度加15℃ | 热,高于环境温度加15℃ | 热,高于环境温度加15℃ | 温,热 |
| 蒸发器 | 冷,全部结露,环境温度减15℃ | 局部出现霜,甚至出现结冰层 | 局部结霜 | 温 | 冷,不结露,高于环境温度减15℃ | 冷,结露过多后出现霜,并逐渐扩大至结冰 | 冷,结露过多 | 冷,但结露少,高于环境温度减15℃ | 温热 |
| 过滤器 | 温,环境温度加2~5℃ | 出口处会结露,甚至结露 | 冷,结露,结霜 | 温 | 热 | 温 | 温,热 | 温,热 | 温 |
| 毛细管 | 常温 | 冷,甚至结露,结霜 | 结露,结霜 | 温 | 温,热 | 常温 | 常温 | 温 | 温 |

# 任务四　空调器通风系统故障分析及排除

## 一、任务描述

空调器通风系统故障,空调器风量下降且运转噪声大,根据故障现象进行分析排除。

## 二、任务分析

要想排除空调器通风系统,首先应掌握空调器通风系统故障检测方法,针对不同的故障现象判断故障点,进行故障原因分析后找出故障排除方法,予以排除。

## 三、相关知识

(一) 空调器通风系统故障检测方法

通风系统的故障一般出在风扇叶片和风扇电动机上,其检测方法可以归纳为"一看、二听、三摸、四闻、五测"。

1. 观察法检测风机故障

(1) 观察风机的运转方向　空调器风机运转方向有顺时针运转的,也有逆时针运转的,确切的判断方法应以风机标注箭头指示方向为准。若无箭头表示,则可通过试运转方法鉴别,也可以通过观察轴流风叶扭转角朝向来辨认其转向。风叶反转时风量很小(无风),正转时风量大。遇到反转时,单相风机把电容左右两个接线端对调即可正转;三相电源风机反转,将三相电源中的两相对换即可正转。

(2) 观察风机的转速是否正常　风机的转速下降的原因:风机电压下降;轴承内有油垢或缺油,查轴承微卡;电容漏电或风机绕组短路,需视其故障进行排除。

（3）观察风机叶轮是否打滑　风机能正常运转而吹不出风，多数是风叶紧固螺钉松动，使风叶打滑。

**2. 倾听法检测风机噪声故障**

（1）风机运转噪声　风机运转时的噪声。

（2）风机运转碰撞声　风机正常运转时不应有反常的碰撞声。

出现明显的碰撞声。一般由5种情况引起：一是风叶与风圈的变形；二是风叶与电动机连接的紧固螺钉松动移位；三是风机有裂纹；四是风叶裂碎；五是电动机轴弯曲。应视其故障所在处部位进行修复并排除。

**3. 手感法检测风机故障**

（1）手感法检测风叶松动　空调器断电后晃动风叶，正常时应感觉不到晃动。若风叶与电动机轴之间摆动很大，可判定有两种情况：一是风叶与电动机轴固定螺钉松动；二是轴承磨损，有间隙。应视松动情况和间隙大小分别修复。

（2）手感法检测风机温度　手感法检测风机温度就是用手触摸风机壳体温度来判断故障所在。空调器风机外壳温度通过风冷却后会略低于100℃，虽手摸剧热发烫，但不应滴水发出响声；一旦滴水发出响声且很快蒸发，则说明风机已过载运行或已出现故障。

（3）手感法检测风量大小　在空调器运行中手感出风口的风量。如发现出风量正常偏小。一般由两种情况引起：一是室内侧空气过滤网被灰尘堵塞，风轮有污物；二是冷凝器散热片间被灰尘堵塞。应分别清脏排除。

（4）风机抖动法检测　风机运转时触摸风机，若比正常要抖动得厉害，多数是由风叶平衡性差所产生的离心力引起的，或风机电动机轴承严重磨损等引起，应视不同情况进行检修排除。

**4. 嗅触法检测风机故障**

空调器通风系统正常运行中不应有异常气味，异常气味通常有污浊气体和烧焦气味两种。

（1）污浊气味　空调器在正常运行中嗅到的污浊气味：一是室内烟气味；二是装修后的有毒气味；三是空调器室内机塑料件频繁冷热导致塑料件散发异味；四是室内机风口的海绵或绒布，时间过长或用户使用环境温度过大而导致发霉产生异味；五是季节替代之中，长时间关机没有定期开机吹风，而导致蒸发器翅片发霉，开机即有异味。维修人员应根据不同的气味现象逐一排除。

（2）烧焦气味　风扇电动机超负荷，绕组升温发热，其绝缘材料有被烧焦的气味。遇到这种情况应立即停机检查。一般情况下，风机温度过高，风机会保护起跳。

**5. 电测法检测风机故障**

利用万用表检测风扇电动机、百叶电动机、步进电动机、电容器等用电设备，判断其好坏。

**（二）通风系统故障分析**

通风系统的故障症状表现为风量下降、电动机不转动及运转时噪声大三个方面。

**1. 风量下降**

风量下降是指风量有明显减小，一般至少要下降20%～30%。室内机组可用风速仪测量它的粗略风量，再与产品说明书中标明的名义风量相比较。对分体式空调机组，它有室内机和室外机的二套通风系统，它们对制冷系统的制冷量有密切关系，风量足，制冷量也足，风量不足,其制冷量会下降。如何判断风量下降,可以通过几种粗略的测量手段得出结果:①测量机组的进出口风的温度差,室内机一般为12~13℃,高于13℃则其风量为不足征兆。另外,其冷凝温度升高可能是冷凝风量不足引起;②用手感觉来辨别风量大小,这要求有丰富经验的积累才可能有一定的准确度。总之,风量下降的症状比较难以辨别,这需要不断地实践,积累经验,并结合其他所出现的症状,进行综合分析。引起风量下降的常见故障如下。

(1) 皮带打滑。有些柜式空调器的室内风机与电动机是以皮带传动的,皮带使用久了就会拉长,当电动机转动时,皮带就会打滑,使风机转速下降,风量也相应减小。停机检查时,可用手指按压皮带以试皮带松紧程度。

(2) 叶轮的紧固螺钉松动。若叶轮的紧固螺钉松动,当电动机运转时,叶轮会打滑而空转,此时其风量下降非常明显。

(3) 叶转反转。三相电源的电动机和单相双速电动机会出现叶轮反转,主要是由于接线错误而造成的。

(4) 滤尘网结灰。如果室内机组滤尘网结灰,空气的流动阻力就会增加,使风量明显下降。

(5) 冷凝器结灰。如果冷凝器的散热片有灰尘堵塞,风量会明显下降。

2. 电动机不转动

电动机不转的主要原因为电源保险丝熔断、电动机绕组断路或匝间短路、启动电容被击穿等。

(1) 轴承严重磨损。轴承严重磨损使转子与定子单边摩擦,其症状是电动机"嗡嗡"响,转不动或转速非常低,电流上升。若断掉电源后,用手转动电动机轴,就会有较费力的感觉,并有摩擦声。

(2) 电动机绕组烧损。用万用表测量绕组的绝缘已被击穿,并碰壳。这种故障发生后,其电控保护也会反映出来。

(3) 绕组匝间短路。测量电阻值,有明显减小,其症状是运行电流大,运行瞬间便烧毁熔断器。

(4) 电动机轴承(滑动轴承)烧熔。其症状是用手转动轴而转不动。

(5) 电容被击穿。其症状是电容电阻为零。

(6) 长时间运行的空调器,电容很容易漏电失效,造成电容值下降,使电动机的运行力矩减小、电动机速度下降,风量减小。

3. 运转时噪声大

(1) 叶轮与导风圈摩擦时,会发出碰撞声,其原因是导风圈移位或是紧固螺钉较松,使叶轮产生移位现象。

(2) 轴承严重磨损,但还能运转,运转时轴跳动或滚珠磨损而发出噪声。

(3) 皮带损坏,发出"噼啪"声。

(4) 电动机底座螺栓松动,而发出抖动声。

(5) 分体室内机电动机贯流风扇轴套磨损以及缺油,运作时有"吱吱"声。

(6) 室外机电动机支架变形或固定不牢,导致振动噪声。

(三) 故障检修方法

1. 观察风机的有关部位

（1）观察风机的运转方向。首先要区分顺时针和逆时针两种运转方式，判断时以电动机上标注的箭头指示方向为准。若无箭头表示，也可通过试转观察风叶扭转角朝向辨认。风机反转时风量变小，而正转时风量变大。如发现反转，可将风机电动机三相电源的两相互换位置，即可恢复正转。

（2）观察风叶是否打滑。当风机运行时，如果吹不出风，一种可能是风叶打滑。如目视发现风叶不转而轴转动，多数则是因为风叶上的紧固螺钉松动引起风叶打滑。检查时先停机，再用手摆动风叶就能查出风叶是否松动。这时应将风叶固定孔对准轴的半圆并拧紧紧固螺钉。

（3）观察风机的转速是否正常。一般情况下，除风机供电电压下降影响其转速外，多数则是轴承与转轴之间发生故障引起。如目视发现风叶转速变慢，如果检测电压正常，则可能是轴承内有油垢、缺油、电动机绕组或运行电容器故障，应视其故障予以排除。

2. 听风机运转时的声音

（1）风机正常运转时不应有反常碰擦声。一旦检查时能听到反常的碰擦声，一般由三种情况引起：一是风机与风圈、风机与机壳之间变形引起碰擦声；二是风机与轴伸固定螺钉松动移位引起风叶与机壳碰擦声；三是风叶变形或电动机轴伸弯曲等引起风叶与机壳碰擦声。应视其故障进行排除。

（2）听噪声时应注意室内与室外噪声有所不同。室外风机噪声易与压缩机、电磁阀和轴承声混淆，而对于室内机一般近距离倾听风机无突发的异常声为正常。一旦听到风机有突发性异常噪声，则可判定为故障。

（3）倾听风机与相近的部件碰擦异常声。如窗机离心风叶与风圈碰擦，分体机室内、外风叶与导线、风口等碰擦。当检查听到噪声异常时，应顺碰擦声传出方位找出故障所在并予以排除。

（4）当风机电动机转子与轴松动后，电动机运转时就会听到"哗啦、哗啦"的机械冲击声。冲击声大小与松动程度有关，松动程度越大，冲击声就越响。若判定转子与轴严重松动时，应把轴取出，重新加工一根同尺寸新轴，并压入转子孔内，校正位置。如发生轻微松动，可选用适当厚度的轴套插入转子与轴空隙中固定。当电动机轴伸因多种情况引起弯曲变形时，风机运转时就会听到不均匀的跳动碰擦声。若判定轴伸弯曲变形后，严重时必须更换新轴，轻微时可通过校直进行修复。

3. 触摸风机有关部位

（1）摸风机电动机温升。这是在运行中进行的。不同风机电动机绕组使用的绝缘材料不同、耐温不同。绝缘材料分为 A、B、E 三级，其工作温度分别为 105℃、120℃、130℃。电动机外壳温度通过风冷却后会略低于 100℃，用手触摸电动机外壳，能忍受约 10s，说明在 100℃ 以下，正常。若手无法接触，则说明电动机过载运行或已出现故障，应查出原因予以排除。

（2）摸风机的抖动情况。风机抖动厉害，可能是风机平衡性差，引起离心力，或是电动机轴承磨损大而引起抖动。遇到这种情况，可从两方面检查：一是调校叶轮的同心度；二是检查电动机轴径方向的摆动（停机时进行），以手感判别说明其间隙，手能感觉松动，说明其间隙已很大，应更换轴承。

（3）手感法感应风量太小，确定风机是否正常。这要凭经验进行，如手感室外风机排风口吹出的气流略有顶力感，为正常，反之为不正常（夏季制冷时应吹出热风，冬季热泵制热时应吹出冷风）；如手感室内出风口吹出的气流也有顶力感（其程度比室外略差），为正常，反之为不正常（夏季制冷时应吹出冷风，冬季制热时应吹出热风）。上述室内风量不正常时有三种情况：一是电压过低；二是换热器翅片被灰尘堵塞或室内过滤网过滤效果差；三是风机本身有故障，应视其原因予以排除。

**4. 检测电容**

如果风机的转速减慢或不转动，检查其他方面有没有问题，就应该用万用表的电容测量挡测量室外机或室内机的电容值是否为零或明显减小。也可用电阻挡，如果测得的电阻值为零说明电容已经被击穿，如果电阻值为某一固定值说明电容已经失效。

**（四）维修案例**

**案例 1**

故障现象：内机漏水。

原因分析：在制冷模式下，开机工作一段时间后，出现水珠从正面盖板与出风口上檐处滴下，但出风量很小，掀盖观察过滤网已被灰尘（脏物）堵死，因风量减小，蒸发温度降低，蒸发器结霜与脏网相连，取下滤网，再次开机，风量变大，漏水消除。

解决措施：把过滤网清洗干净，安装好，并向用户交待注意定期清洗保养。

**案例 2**

故障现象：室内机噪声大。

原因分析：室内机运转时不定时发出"吱吱吱"地叫声，无论制冷、送风运转模式，故障现象相同，在开关机时噪声特别明显，将面板、面框拆下，故障现象依旧，声音从左侧轴承处产生，维修人员开始判断是左侧风叶轴承套问题，可更换轴承套后仍有噪声，后经检查发现是贯流风叶安装太靠左，风叶轴顶住了轴承橡胶座，运行时摩擦产生噪声。

解决措施：将贯流风叶向右移动 2mm 后噪声消失。

## 四、任务实施

**（一）工具和设备的准备**

1. 通风系统故障的空调器或空调冰箱组装与调试实训考核装置。
2. 空调器常用检测仪表、工具、设备和材料。

**（二）任务实施步骤**

1. 观察空调器出现的故障现象。
2. 根据故障现象判断产生故障的原因。
3. 确定故障排除方法，对故障部位进行修复。
4. 运行试机。

**（三）注意事项**

1. 空调器常用检测仪表、工具、设备的使用应严格遵守其安全操作规程。
2. 修复后应做必要的性能检测，以便检查修理质量是否符合要求。

## 五、知识拓展

分体式空调器故障分析与排除速查表见表 5-5。

表 5-5　分体式空调器故障分析与排除速查表

| 故障现象 | 原因分析 | 检查与排除方法 |
|---|---|---|
| 热泵型空调器制冷或制热时压缩机不转动,但室外风机运转 | ①制冷压缩机电动机故障<br>②制冷压缩机故障 | ①检测、更换<br>②检测、更换 |
| 制冷运转时送风机和压缩机均不运转 | ①冷凝器积灰过多;室外机组周围空间过小;室外风机转速过慢等造成风冷冷凝器换热不良<br>②室外机组空气短路或室外机组附近有热源<br>③四通阀内部泄漏<br>④压缩机电动机绝缘不良<br>⑤电源熔断器或户室熔丝损坏<br>⑥压缩机过流保护器损坏 | ①清扫;保证室外机组有足够的空间;更换室外风扇电动机<br>②去除障碍物,保证气流畅通;去除热源<br>③更换<br>④测量、更换<br>⑤检查、更换<br>⑥检测、更换 |
| 制热过程中压缩机和风机都不转动 | ①室内热交换器灰尘过多<br>②室内风机转速过慢<br>③室内机组气流短路<br>④四通阀内部泄漏<br>⑤空调器熔断器损坏 | ①清扫<br>②更换电动机<br>③清除短路因素<br>④更换<br>⑤更换 |
| 空调器运转但室内冷却效果差 | ①制冷剂泄漏<br>②室内逆止阀误动作<br>③室内热交换器通风差<br>④室外热交换器灰尘多或有高大障碍物<br>⑤室外机组短路或附近有热源<br>⑥四通阀内部泄漏<br>⑦压缩机损坏<br>⑧制冷系统故障(毛细管、管路等堵塞) | ①检漏后补充制冷剂<br>②测定阀前后温度并更换<br>③清扫灰尘<br>④清扫灰尘、清除障碍物<br>⑤去除阻碍物和热源<br>⑥检测阀前后温差并更换<br>⑦检测并更换<br>⑧按相关的检修方法给予排除 |
| 空调器运转但室内制热效果差 | ①除霜不彻底<br>②其他原因与冷却效果差相同 | ①检查恒温除霜器或更换<br>②和"冷却效果差"的处理方法相同 |
| 空调器运转有异音 | ①机内有异物<br>②风扇与外壳相碰<br>③压缩机异音<br>④接触器异音<br>⑤箱体有振动 | ①取出<br>②检查调整<br>③检查调整紧固或更换<br>④检测修复或更换<br>⑤检查并消除振动因素 |

# 参 考 文 献

[1] 魏龙主编. 制冷与空调职业技能实训. 北京：高等教育出版社，2008.

[2] 孔维军主编. 小型制冷设备安装与维修技术. 北京：化学工业出版社，2011.

[3] 邹开耀主编. 电冰箱、空调器原理与维修. 北京：电子工业出版社，2009.

[4] 杨立平主编. 电冰箱与空调器维修实训. 北京：高等教育出版社，2003.

[5] 王荣起主编. 制冷设备维修技术：中级. 北京：中国劳动社会保障出版社，2000.

[6] 刘合主编. 电冰箱、电冰柜原理与维修. 北京：机械工业出版社，2005.

[7] 陈维刚主编. 制冷设备维修工：中级. 北京：中国劳动社会保障出版社，2003.

[8] 方贵银主编. 新型电冰箱维修技术与实例. 北京：人民邮电出版社，2000.